E. Wilhelm   A. Janischowski

Umweltorientiertes Krankenhausmanagement

Strategien und Maßnahmen
für eine größere Umweltverträglichkeit

Mit einem Geleitwort von Lutz Wicke

Springer-Verlag

Berlin Heidelberg New York
London Paris Tokyo
Hong Kong Barcelona
Budapest

Ernst Wilhelm
Bothestraße 144
W-6900 Heidelberg

Axel J. F. Janischowski
St.-Barbara-Str. 23
W-7912 Weißenhorn

Mit 9 Abbildungen und 6 Tabellen

ISBN-13:978-3-540-52860-9

CIP-Titelaufnahme der Deutschen Bibliothek
Wilhelm, Ernst: Umweltorientiertes Krankenhausmanagement : Ökonomie, Krankenhaus-
führung, Therapie, Ökologie / E. Wilhelm ; A. Janischowski. Mit e. Geleitw. von Lutz Wicke. –
Berlin ; Heidelberg ; New York ; London ; Paris ; Tokyo ; Hong Kong ; Barcelona :
Springer, 1990
ISBN-13:978-3-540-52860-9   e-ISBN-13:978-3-642-75878-2
DOI: 10.1007/978-3-642-75878-2

NE: Janischowski, Axel

Umschlagentwurf: H. Lopka, Ilvesheim
Satz: Elsner & Behrens GmbH, Oftersheim

19/3140-543210 – Gedruckt auf säurefreiem Papier

Geleitwort: „Offensives Umweltmanagement auch für die Krankenhäuser"

Der bisherige Umgang des Menschen mit seiner Umwelt stellt eine nicht zu übersehende Bedrohung unserer Zukunft dar. Die ökologischen Schäden sind schon seit einiger Zeit sichtbar, es zeigen sich aber auch ökonomische Folgen: allein in der Bundesrepublik Deutschland entstehen Umweltschäden in Höhe von mehr als 100 Mrd. DM jährlich, das entspricht ca. 6% des Bruttosozialprodukts.

Darüber hinaus hat unsere Generation die Verpflichtung, den Nachkommen eine lebenswerte Umwelt zu hinterlassen und ihnen so die Lebensgrundlage zu erhalten. Denn mit der Verschlechterung der Umweltqualität sinkt auch die Chance unserer Kinder und Kindeskinder, gesund zu bleiben.

Den Krankenhäusern kommt die gesellschaftliche Aufgabe der Gewährleistung der Gesundheitsvorsorge bzw. Heilung zu. In der Krankenhauspraxis steht die medizinische Leistungsfähigkeit eindeutig im Vordergrund, andere Ziele wie Wirtschaftlichkeit und Umweltschutz rangieren dahinter.

Aber eines ist klar: Auch eine noch so gute medizinische Versorgung nützt den Menschen wenig, wenn die Lebensbedingungen – also insbesondere die Umweltqualität – schlecht sind. Jüngste Untersuchungen belegen erneut, daß bei erhöhtem Schwefeldioxidgehalt der Luft eine Häufung von Atemwegserkrankungen bei Kindern auftritt.

Gerade die Krankenhäuser haben eine besondere Verantwortung im Umweltschutz. Sie (wer denn sonst?) müssen Vorreiter sein! Außerdem stellen sie einen erheblichen Wirtschaftsfaktor dar; sie beschäftigen insgesamt rund 840000 Mitarbeiter und erzielen einen Umsatz von ca. 150 Mrd. DM jährlich (bisherige Bundesrepublik Deutschland).

Selbstverständlich kann die medizinische Versorgung von über 12 Mio. stationären Patienten im Jahr nicht völlig ohne Umweltfolgen bleiben: Natürliche Ressourcen werden verbraucht, Emissionen und Abfälle verursacht. In allen Krankenhausbereichen kann jedoch – von der Beschaffung über den Verbrauch bis zur Entsorgung – noch sehr viel getan werden, um die von ihnen ausgehenden Belastungen zu minimieren.

Hier sind allerdings noch gewisse Widerstände zu erkennen: (staatliche) Anreize fehlen, eventuell entstehende höhere Kosten werden nicht akzeptiert, und aktiver Umweltschutz wird noch nicht als gesundheitspolitisches Ziel angesehen.

Dabei haben die Krankenhäuser gute Voraussetzungen, um aktiven Umweltschutz zu betreiben; sie besitzen ein hohes Potential an Sachkompetenz, positiver Mitarbeitermotivation und politischem sowie meinungsbildendem Einfluß. In der vorliegenden Befragung wird die deutliche Bereitschaft der Krankenhäuser erkennbar, den Umweltschutz stärker zu berücksichtigen; umfangreiche Maßnahmen zur Verbrauchsreduzierung belastender Produkte und zur Abfallverringerung wurden bereits durchgeführt.

Diese positiven Ansätze der Krankenhäuser müssen durch Information, Aufklärung und Anleitung unterstützt werden, um weitere Fortschritte zu erzielen. Das Engagement der Krankenhäuser allein reicht nicht aus. Es muß auch an die Gesundheitspolitiker und Krankenkassen appelliert werden, den Krankenhäusern bei ihren Umweltschutzaufgaben zu helfen – z.B. mit zweckgebundener Förderung –; außerdem muß die Öffentlichkeit auf die Probleme aufmerksam gemacht und entsprechend sensibilisiert werden.

Nur wenn alle Beteiligten ihr Möglichstes tun, wird es uns gelingen, unsere gemeinsame (Über)lebensaufgabe zu bewältigen!

Ist der erste Schritt, das Bewußtsein für diese Problematik zu sensibilisieren, erst einmal getan, benötigen die Verantwortlichen

VI

konkrete Handlungsanleitungen. Hier leistet die vorliegende Studie einen wichtigen Beitrag, indem im Anschluß an eine Analyse der derzeitigen Situation eine Vielzahl von Verbesserungsmöglichkeiten für die Krankenhauspraxis aufgezeigt wird.

Ich wünsche dieser sehr verdienstvollen Studie eine möglichst weite Verbreitung und der Umwelt – und damit uns allen – eine starke Befolgung der unterbreiteten Vorschläge auch durch unsere Krankenhäuser.

Lutz Wicke

Prof. Dr. Lutz Wicke ist u. a. Autor der Monographien *Umweltökonomie* und *Chancen der Betriebe durch Umweltschutz* sowie des Lehrbuchs *Betriebliche Umweltökonomie* (erschienen im Herbst 1990). Er erhielt 1987 den Theodor-Heuss-Preis für seine jahrelangen Bemühungen um die Versöhnung von Ökonomie und Ökologie. Er ist nebenamtlich Professor für Volkswirtschaftslehre, Schwerpunkt Umweltökonomie, an der Technischen Universität Berlin.

Vorwort

Belasten Krankenhäuser die Umwelt? Wird diese Frage an Mitarbeiter von Krankenhäusern gestellt, so antworten 9 von 10 Personen mit ja. Fragt man weiter: „Aber Krankenhäuser produzieren doch nicht und verursachen keine Emissionen ...?", so rechtfertigt der überwiegende Teil seine Aussage, indem er auf die im Krankenhaus anfallenden Abfallmengen hinweist.

Aus diesem Antwortmuster ist zu schließen, daß für viele Krankenhausmitarbeiter zwischen Klinikmüll und Umweltbelastung eine enge Beziehung besteht. Dies ist eine verständliche Einstellung, wurde doch dankenswerterweise von einigen Kliniken (z. B. in Freiburg, Straubing und Günzburg) auf das Problem „Krankenhaus und Umweltschutz" aufmerksam gemacht.

Viele Krankenhäuser griffen die dort präsentierten Ideen zur Veränderung der Müllproblematik auf und haben in der Zwischenzeit eigene Strategien entwickelt und Maßnahmen eingeleitet. Bemerkenswert an dieser Initiative ist, daß sie ohne wesentliche Anregungen von außen auskam.

Denn im Krankenhaussektor fehlen, wenn man von der Ernennung eines Abfallbeauftragten einmal absieht, Handlungsanstöße wie

- gesetzliche Auflagen,
- Förderungsmaßnahmen des Staates sowie
- marktwirtschaftliche Impulse.

Sowohl Umweltpolitiker als auch Umweltorganisationen und Behörden haben bisher keine oder nur wenige eigene Vorschläge zum Thema „Umweltschutz im Krankenhaus" entwickelt. Dieses Defizit ist sicher auch ein Grund für die Passivität der Kassenorganisationen, die bis heute ebenfalls wenig dazu beigetragen haben, umweltschutzorientierte Krankenhausführung zu unterstützen.

Begreift man aktiven Umweltschutz jedoch als Teil einer umfassenden Gesundheitsprophylaxe, wird deutlich, daß die Beschäftigung mit diesem Problemfeld auch Aufgabe der Gesundheitspolitiker und der Kassen als Vertreter der Patienten sein muß. Passives Verhalten im Umweltschutz konterkariert in diesem Sinne den gesundheitspolitischen Auftrag der Krankenhäuser und ihrer Trägerorganisationen.

Diese Publikation will Anregungen für eine ganzheitliche Betrachtung des Problems „Krankenhaus und Umweltschutz" geben. Der Weg zum umweltverträglichen Krankenhaus muß auf 3 Ebenen beschritten werden:

1) materiell, d. h. die ökologische Verträglichkeit von Produkten, Verfahren und Techniken muß oberstes Gütekriterium werden;
2) mental, d. h. Information, Sensibilisierung und Motivation sind zu verstärken;
3) politisch, d. h. die Willensbildung, Schaffung von Freiräumen und günstigen Rahmenbedingungen zur Veränderung sind anzustreben.

Wenn dieses Buch dazu einen Beitrag leistet, ist das Ziel der Autoren erreicht. Dieses Projekt hätte ohne die freundliche Unterstützung der Firmen Gerling Consulting Gruppe, Köln, W. L. Gore & Co. GmbH und Henkel KGaA nicht realisiert werden können; wir danken ihnen sowie dem Springer-Verlag für die Publikation dieses Leitfadens.

Heidelberg, im Juni 1990 E. Wilhelm

A. Janischowski

X

Inhaltsverzeichnis

1 Die volkswirtschaftliche und umweltpolitische Bedeutung der Krankenhäuser

In der Krankenhausstatistik 1987, herausgegeben von der Deutschen Krankenhausgesellschaft, wurden für 1987 in der Bundesrepublik Deutschland 673687 Planbetten in 3071 Krankenhäusern ermittelt[1].

Ein Vergleich mit den Zahlen aus dem Jahre 1970 zeigt, daß sich die Anzahl der Krankenhäuser um 10,1% von 3416 auf 3071, die Planbettenkapazität sich im gleichen Zeitraum aber nur um 6,8% von 722953 auf 673687 Betten verringert hat.

Ein Vergleich der Zahlen aus 1987 mit denen von 1984 zeigt nur noch eine Veränderung von minus 1,1% bei der Anzahl der Krankenhäuser und minus 0,8% bei der Anzahl der Planbetten.

Diese Entwicklung läßt den Schluß zu, daß im Jahre 1990 in der BRD ca. 3040 Krankenhäuser mit einem Planbettenpotential von ca. 670000 ihre Leistungen anbieten.

Im Jahre 1987 wurden 12,9 Mio. Patienten an rund 212,9 Mio. Pflegetagen stationär behandelt. Bei einer Fortschreibung dieser Leistungsdaten ist davon auszugehen, daß 1990 ca. 12,8 Mio. Patienten stationär behandelt werden. Die daraus resultierende Anzahl der Pflegetage ist mit ca. 211,7 Mio. anzusetzen.

Neben der gesundheitspolitischen ist auch die volkswirtschaftliche Bedeutung der 3040 Krankenhäuser in der BRD beachtlich. So schätzen Experten den Umsatz der Dienstleistungsbranche Krankenhaus mit ihren ca. 840000 Mitarbeitern auf ca. 150 Mrd. für das Jahr 1988.

---

[1] Krankenhausstatistik 1987 (1989), DKG, Düsseldorf.

Der Volksmund sagt: „Wo gehobelt wird, fallen auch Späne." Dies trifft auch auf die Krankenhäuser zu.

Die medizinische, pflegerische und wirtschaftliche Versorgung von 12 Mio. Menschen an ca. 213 Mio. Pflegetagen bedingt, daß große Warenströme zum Krankenhaus gehen und entsprechend umfangreiche Abfallmengen vom Krankenhaus zurückkommen. Hinzu kommt ein beträchtlicher Bedarf an Energie und Wasser.

Eine besondere umweltrelevante Bedeutung haben die von den Krankenhäusern benötigten

- Chemikalien,
- Kunststoffe,
- Zell- und Vliesstoffe,
- Batterien,
- Leuchtstoffröhren,
- quecksilberhaltigen Fieberthermometer und Dampflampen,
- radioaktiven Materialen,
- Entwicklerflüssigkeiten.

Die folgenden Jahresverbrauchswerte von Krankenhäusern in der BRD wurden aus Befragungen abgeleitet und berechnet. Genaue Zahlen liegen nicht vor – es handelt sich hier um ungefähre Werte.

a) Medizinisch-technischer Bedarf

Artikel	Stück [Mio.]	Werkstoff
Infusions-Transfusionsgeräte	80– 85	PVC, ABS, PS
Spritzen	400–450	PP, PE
Urin-/Sekret-/Absaug-/Systembeutel	50– 55	PVC
Katheter und Op.-Sauger	52– 56	Latex, PVC
Untersuchungshandschuhe	500–550	Latex, PVC, PE
Infusionsgebinde	60– 65	PE, PP
Injektionsgebinde	60– 65	PE
Pipetten, Röhrchen, Monovetten usw.	1100	PE, PPN, PS

(Fortsetzung)

Einmalwäsche	700	Zellulose, PE
Fieberthermometer	11	
Dialysesets	2,6	
Radioaktives Material	2,8 Tonnen	
Fixier- und Entwicklerflüssigkeit	250 Tonnen	

b) Wirtschaftsbedarf

- Einmalgeschirr

Artikel	Stück [Mio.]	Werkstoff
Trinkgefäße, Beilageschalen, Yoghurtbecher	700	PS

- Reinigungs- und Desinfektionsmittel

Artikel	Menge [t]
Maschinenspülmittel	7800
Handspülmittel	952
Küchenreiniger .	920
Wasch- und Desinfektionsmittel für die Krankenhauswäsche	11400
Reinigungs- und Desinfektionsmittel sowie Seifen	30000

c) Technischer Bedarf

Artikel	Menge [Mio.]
Batterien	3,7
Leuchtstoffröhren	7,4

d) Betriebsmittel

Die Kosten für Wasser, Energie und Brennstoffe lagen 1987 bei ca. 1,9 Mrd. DM.

Der Wasserverbrauch wird auf ca. 130–150 Mio. m^3 geschätzt.

Zielorientiertes gesundheitspolitisches Handeln fand und findet immer im Spannungsfeld zwischen dem medizinisch Möglichen und dem wirtschaftlich Vertretbaren statt. Eine weitere restriktive Einflußgröße könnte der Umweltschutz werden. Umweltbewußtes Verhalten steht in einem zunehmenden Widerspruch zu dem steigenden Einsatz von Einwegartikeln und dem Verbrauch von Ressourcen.

Die Herausforderung der Zukunft wird sein, einen Weg zu finden, die Entwicklungen der Medizin zu nutzen bei gleichzeitiger Beachtung eines Höchstmaßes an Umweltentlastung und einem wirtschaftlichen Einsatz der verfügbaren Mittel.

2 Der gesundheitspolitische Auftrag der Krankenhäuser

Die vom Sachverständigenrat für die konzertierte Aktion im Gesundheitswesen definierten Ziele für das Gesundheitswesen lauten:[1]
- vermeidbaren Tod hinausschieben,
- Bekämpfung, Verhütung, Linderung und Heilung von Krankheit und damit verbundenem Schmerz und Unwohlsein,
- Wiederherstellung der körperlichen und psychischen Funktionstüchtigkeit,
- Wahrung der menschlichen Würde und Freiheit auch im Krankheitsfall und beim Sterben.

Diese Zielvorgaben sollten durch wirtschaftliche und umweltpolitische Auflagen nicht limitiert werden.

Die Krankenhäuser haben diese Ziele weitgehend in ihre Leitlinien aufgenommen.[2]

Die im Vorfeld dieser Broschüre durchgeführte Befragung zeigt die Bedeutung, die Krankenhausleitungen den folgenden Zielen beimessen:

---

[1] Medizinische und ökonomische Orientierung, Jahresgutachten 1987.

[2] Umweltschutz und Krankenhaus, Befragung von Management & KH.

(Angaben in %)	sehr wichtig	wichtig	weniger wichtig	unwichtig
– Erhaltung der medizinischen Leistungsqualität	92,5	7,5	0	0
– Sicherung des Hygienestandards	40,0	60,0	0	0
– Sachgerechte Werterhaltung	10,0	72,5	17,5	0
– Umweltschonendes Verhalten	25,0	60,0	15,0	0
– Beibehaltung der Wirtschaftlichkeit	47,0	47,5	5,0	0
– Kostenminimierung	40,0	50,0	10,0	0
– pflegerische Betreuung (nicht vorgegeben)	6mal als sehr wichtig aufgeführt			

Das Ergebnis macht deutlich, daß ein patientenorientiertes Verhalten in Form einer optimierten medizinischen Leistungsfähigkeit vor den Aspekten des Umweltschutzes und der Wirtschaftlichkeit rangiert.

Die Probleme des Umweltschutzes werden zwar erkannt, die vom Krankenhaus ausgehenden Umweltbelastungen aber geringer gewertet als die Risiken, die für den Patienten entstehen könnten, wenn zur Entlastung der Umwelt auf sterile Einmalartikel oder regelmäßige Desinfektion verzichtet würde.

Umweltschutz und Wirtschaftlichkeit haben nur da Vorrang, wo kein Therapierisiko für den Patienten entsteht.

3 „Krankenhaus und Umweltschutz" – eine Umfrage

Daß die stationäre Behandlung von über 12 Mio. Patienten nicht ohne Verbrauch natürlicher Ressourcen und Entstehung von Abfällen erfolgen kann, ist selbstverständlich.

Das Statistische Bundesamt erfaßt seit 1977 die Abfallmengen der Krankenhäuser und das Deutsche Krankenhausinstitut informiert regelmäßig über die Entwicklung des Sachmittelverbrauchs in den Krankenhäusern.

Zur umweltpolitischen Bedeutung der Branche „Krankenhaus" gibt es noch keine umfassenden Untersuchungen. Lediglich über die Abfallproblematik liegen einige Arbeiten z.B. von Daschner sowie Reibestein u. Partner vor.

Nur unzureichend gesicherte Antworten gab es bisher zu den Fragen:

- Wie sehen die Krankenhäuser ihre eigene Umweltbelastungsrelevanz?
- Gibt es ein funktionierendes Umweltschutzmanagement in den Krankenhäusern?
- Ist der Umweltschutzgedanke in den Unternehmensleitlinien der Krankenhäuser verankert?
- Welche Strategien zum Schutz unserer natürlichen Umwelt sind geplant und welche Maßnahmen wurden erfolgreich durchgeführt?
- Wie erfolgt die Informationsbeschaffung bei Umweltschutzthemen?
- Ist aktiver Umweltschutz ein Aus- und Weiterbildungsthema?
- Wo liegt der dringlichste Handlungsbedarf?

Einige Antworten auf diese Fragen liefert das Ergebnis der im Vorfeld dieser Arbeit durchgeführten Befragung bei 260 Krankenhäusern in der Bundesrepublik Deutschland.

3.1 Durchführung der Befragung

Die Erhebung erfolgte Mitte 1989, ohne eine Soll-Teilnehmerstruktur zu definieren.

Der Fragebogen wurde über die Presse (Fachzeitschrift *Management & Krankenhaus*) und auf Vortragsveranstaltungen für Krankenhausleiter verteilt und mußte, um zur Auswertung zu gelangen, an den Verteiler zurückgesendet werden.

Das Ergebnis ist deshalb nicht repräsentativ und läßt nur begrenzt Rückschlüsse auf die Gesamtheit der Krankenhäuser zu. Jedoch verleiht die hohe Beteiligung von ca. 8,5 % der Krankenhäuser und eine noch höhere Quote, gemessen am relativen Bettenanteil den ermittelten Informationen, Ergebnissen, Absichten und Meinungen, zumindest eine tendenzielle Gewichtung.

Der Fragebogen enthielt 18 gestützte und 2 ungestützte Fragen (s. Anhang). 260 gültige Fragebogen gingen in die Auswertung ein.

3.2 Kommentierte Ergebnisse der Befragung

3.2.1 Struktur der Erhebungsgruppe und Vergleich zur Gesamtheit aller Krankenhäuser in der BRD[1]

Welcher Rechtsform ist Ihr Krankenhaus zuzuordnen?

	Teilnehmer	*KH-Statistik 1987*[2]
Öffentlich-rechtlich	*182 (70 %)*	*1073 (34,9 %)*
Freigemeinnützig	*55 (21 %)*	*1044 (34,0 %)*
Privat	*23 (9 %)*	*954 (31,1 %)*

---

[1] Soweit hierzu Informationen zur Verfügung stehen.

[2] Deutsches Krankenhausinstitut, Krankenhausstatistik 1987.

Welcher Versorgungsstufe gehören Sie an?

I	*30 (11,5%)*
II	*92 (33,5%)*
III	*76 (29,2%)*
IV	*46 (17,6%)*
V	*16 (6,2%)*

Wieviel Planbetten hat Ihr Haus?

	Teilnehmer	*KH-Statistik 1987*[3]
Planbettenzahl gesamt:	*141190*	*673687*
Durchschnittliche Planbettenzahl:	*543*	*219*

Wieviel Betten waren 1988 durchschnittlich belegt?

Durchschnittlich belegte Betten:	*124872*	*583413*
Durchschnittliche Belegungsquote:	*88,4%*	*86,6%*

Welche Fachbereiche bieten Sie an?

Chirurgie	*236 (90%)*
Innere Medizin	*236 (90%)*
Geburtshilfe/Gynäkologie	*218 (84%)*
Radiologie	*200 (77%)*
Dermatologie	*92 (33%)*
Orthopädie	*185 (71%)*
Pädiatrie	*31 (12%)*
Dialyse	*109 (42%)*
Augenheilkunde	*182 (69%)*
HNO	*213 (82%)*
Neurologie	*30 (11%)*
Psychiatrie	*21 (8%)*

---

[3] Deutsches Krankenhausinstitut, Krankenhausstatistik 1987.

In welchem Bundesland liegt Ihr Haus?

Teilnehmer		*KH-Statistik 1987*
Baden-Württemberg	*54 (20,7%)*	*603 (19,6%)*
Bremen	*-*	*17 (0,5%)*
Niedersachsen	*7 (2,7%)*	*324 (10,5%)*
Saarland	*7 (2,7%*	*45 (1,5%)*
Bayern	*91 (35,0%)*	*717 (23,3%)*
Hamburg	*-*	*43 (1,4%)*
Nordrhein-Westfalen	*28 (10,7%)*	*546 (17,8%)*
Schleswig-Holstein	*15 (5,7%)*	*132 (4,3%)*
Berlin	*-*	*116 (3,8%)*
Hessen	*23 (8,8%)*	*328 (10,7%)*
Rheinland-Pfalz	*31 (12,0%)*	*200 (6,5%)*

Schlußfolgerungen

Die Struktur der Befragungsteilnehmer weicht sehr deutlich von den Werten ab, die in der Krankenhausstatistik für 1987 ausgewiesen wurden.

Für die überdurchschnittliche Teilnahme aus dem Bereich der öffentlich-rechtlichen Krankenhäuser gibt es keine schlüssige Erklärung. Der relativ hohe Anteil der Teilnehmer aus Baden-Württemberg, Bayern und Rheinland-Pfalz ist damit zu erklären, daß in diesen Bundesländern der Fragebogen zusätzlich auf Veranstaltungen verteilt wurde.

3.2.2 Themenkomplex „Krankenhaus und Umweltschutz"

- *Belastungsrelevanz und Verantwortlichkeit der Krankenhäuser*

- *Meinungen zu den Gründen für den heutigen hohen Stellenwert*
  des Umweltschutzes

Bitte beurteilen Sie folgende Aussagen zum Umwelt-, Produkt- und Verbraucherschutz aus der Sicht Ihres Krankenhauses. Benutzen Sie dabei bitte die Werte von 1 (stimme voll zu) bis 5 (stimme überhaupt nicht zu)

(Angaben in %)	1 stimme voll zu	2 stimme zu	3 teils teils	4 stimme nicht zu	5 stimme über- haupt- nicht zu
Krankenhäuser verursachen keine Umweltbelastungen	0,0	5,4	13,5	32,4	56,7
Umweltschutz verursacht zuerst einmal zusätzliche Kosten für unser Haus	10,3	23,0	56,4	10,3	2,0
Umweltschutz belastet die Organisation und das Personal	15,0	27,5	40,0	17,5	0,0
Wir würden gerne mehr für den Umweltschutz tun, wenn nur bessere Informationen und Hilfen geboten würden, was in Krankenhäusern zu tun ist	15,0	52,5	17,5	12,5	2,5
Umweltschutz ist Aufgabe unserer Lieferanten	2,5	12,5	57,5	10,0	17,5

(Fortsetzung)

	1	2	3	4	5
Umweltschutzmaßnahmen verbessern unser Verhältnis zu den öffentlichen Stellen und den Nachbarn des Krankenhauses	30,0	50,0	12,5	7,5	0,0
Die Politiker sind an dem Thema Krankenhaus und Umweltschutz nicht interessiert	5,0	10,0	27,5	35,0	22,5
Umweltschutz ist Aufgabe der Krankenhausleitung	40,0	45,0	12,5	2,5	0,0
Umweltschutz im Krankenhaus ist doch nur eine PR-Maßnahme	0,0	5,0	5,0	40,0	50,0
Auch Krankenhäuser können aktiv zum Umweltschutz beitragen	70,0	27,5	2,5	0,0	0,0
Umweltschutz führt zu vielen Innovationen	25,0	50,0	22,5	2,5	0,0
Umweltschutzorientierte Krankenhäuser haben es leichter, gute Mitarbeiter zu bekommen	2,5	20,0	42,5	35,0	0,0
Umweltschutz ist Aufgabe der Hersteller der Produkte, die in unserem Hause verwendet werden	5,0	30,0	50,0	7,5	7,5
Der Träger unseres Hauses ist am Thema Umweltschutz nicht interessiert	2,5	5,0	5,0	45,0	42,5
Umweltschutz für Krankenhäuser ist eine Frage der Standort- und Existenzsicherung	2,5	20,0	22,5	40,0	15,0

Bei den meisten Aussagen fällt die Konzentration auf wenige Beurteilungsausprägungen auf, d. h. die Teilnehmer waren in der überwiegenden Zahl der Fälle einer Meinung.

Größere Abweichungen finden sich nur bei den Aussagen zum Interesse der Politiker an der Problematik „Krankenhaus und Umweltschutz", zur Innovationskraft des Umweltschutzes und zur Bedeutung des Umweltschutzes im Hinblick auf die Existenz- und Standortsicherung der Krankenhäuser.

Die Krankenhäuser sind sich ihrer umweltbezogenen Verantwortung bewußt und meinen, aktiv zum Umweltschutz beitragen zu können, wobei diese Aufgabe in erster Linie der Krankenhausleitung obliegt.

Was sind Ihrer Meinung nach die Ursachen für den heutigen Stellenwert des Umweltschutzes? Nennen Sie uns bitte spontan die 3 wichtigsten Gründe/Motive!

Schutz und Erhaltung einer lebensfähigen Umwelt	*112*
Lebensfähigkeit der nachfolgenden Generationen	*105*
Einsparung an Energien und Rohstoffen	*24*
Bewußtsein über langfristige Schäden	*74*
sichtbares Erleben von Katastrophen	*122*
Werbung und Information	*12*
Verunreinigung der Luft und Gewässer	*101*
Baumsterben	*72*
Ozonloch	*32*
Parteien	*7*
Gesundheitsrisiken	*182*
Schärfung des Bewußtseins durch die Grünen	*29*
unüberwindbare Müllberge	*8*
Erhaltung unserer Natur	*19*
Zerstörung der Tropenwälder	*6*
Umweltbelastungen	*171*
Umweltbewußtsein der jüngeren Bevölkerung	*73*

(Fortsetzung)

Lebensqualität	*21*
zu spätes Erkennen durch die Industrie	*12*
Medien	*55*
Auftreten von Krankheiten	*10*
Zukunftsängste	*6*
Treibhauseffekt	*22*
Umweltskandale	*8*
steigendes Umweltbewußtsein	*34*
Umweltgruppen	*19*

- *Integration und Stellung des Umweltschutzgedankens im Krankenhaus*

- *Regelung zur Zuständigkeit*

Gibt es in Ihrem Krankenhaus schriftlich fixierte, allgemein akzeptierte Wertvorstellungen (sog. Unternehmensleitlinien)?

nein	*88 (72,3 %)*
ja	*72 (27,7 %)*

Wenn ja, sind in diesen Leitlinien auch Umweltschutzziele/-maßnahmen beschrieben?

nein	*27 (37,5 %)*
ja	*45 (62,5 %)*

Gibt es in Ihrem Krankenhaus eine Stelle, die für Umwelt-, Produkt- und Verbraucherschutzmaßnahmen verantwortlich ist?

nein	*98 (37,3 %)*
ja	*162 (62,7 %)*

14

Falls ja, wie wird diese Stelle bezeichnet? (Mehrfachnennungen möglich)

Umweltschutzbeauftragter	*72%*
Abfallbeauftragter	*22%*
Entsorgungsbeauftragter	*4%*
Einkaufskommission	*2%*

Wem ist diese Stelle zugeordnet?

Krankenhausleitung	*36%*
Verwaltungsdirektor	*44%*
Klinikhygieniker	*28%*
technische Leitung (technisches Betriebsamt)	*16%*
Wirtschaftsleitung	*16%*
Träger	*8%*
Organisationsabteilung	*4%*

Welchen Stellenwert in der Zielhierarchie Ihres Hauses haben die folgenden Prämissen?

(Angaben in %)	*Sehr wichtig*	*Wichtig*	*Weniger wichtig*	*Unwichtig*
- Erhaltung der medizinischen Leistungsqualität	*92,5*	*7,5*	*0,0*	*0,0*
- Sicherung des Hygienestandards	*40,0*	*60,0*	*0,0*	*0,0*
- Sachgerechte Werterhaltung	*10,0*	*72,5*	*17,5*	*0,0*
- Umweltschonendes Verhalten	*25,0*	*60,0*	*15,0*	*0,0*
- Beibehaltung der Wirtschaftlichkeit	*47,5*	*47,5*	*5,0*	*0,0*
- Kostenminimierung	*40,0*	*50,0*	*10,0*	*0,0*
- Pflegerische Betreuung (nicht vorgegeben)	*6mal als sehr wichtig aufgeführt*			

Schlußfolgerungen

Der Umweltschutzgedanke ist in den Unternehmenszielen wenig verbreitet, was sich auch in der Organisationsstruktur der Häuser niederschlägt.

Medizinische Leistungsziele und Wirtschaftlichkeit haben einen hohen, vor dem Umweltschutz rangierenden Stellenwert.

– Konkrete umweltentlastende Aktionen

Überprüfen Sie regelmäßig, wie Sie durch Umweltschutz positive Veränderungen herbeiführen können?

---

nein	*52 (20%)*
ja	*208 (80%)*

Falls ja, in welchen Sachbereichen konnten Sie Verbesserungen erzielen?

Beschaffung	*201 (77,0%)*
Verwendung	*195 (75,0%)*
Entsorgung	*208 (80,0%)*

In den jeweiligen Sachbereichen wurden die folgenden umweltschutz-gerichteten Maßnahmen ergriffen (Bezugsgröße: obige Zahl der Nennungen = 100%):

Beschaffung

Einkauf von Produkten mit dem „Blauen Engel"	*141 (69,0%)*
Einkauf von Produkten mit geringer Umweltbelastung	*199 (99,0%)*
Einkauf von Recyclingprodukten	*161 (80,0%)*
Berücksichtigung des Umweltschutzes bei der	
* Definition von Ausschreibungskriterien für Anbieter*	*110 (50,0%)*
Einwirkung auf die Industrie	*19 (9,5%)*

(Fortsetzung)

Verwendung

Verstärkter Einsatz von wiederverwendbaren	
Produkten	*113 (58,0%)*
Verzicht auf Einmalartikel	*75 (38,5%)*
Umstellung auf Produkte mit geringerer	
Umweltbelastung beim Einsatz	*179 (91,8%)*
Einsatz von Produkten mit geringerem	
Verpackungsaufwand	*146 (74,8%)*
Verzicht auf Produkte in Einwegverpackungen	*190 (97,4%)*
Energieeinsparungsmaßnahmen	*65 (33,3%)*
Wassereinsparungsmaßnahmen	*195 (100%)*
Reduzierung von Verbrauchsmaterial	
durch bessere Dosiertechnik o. ä.	*152 (77,9%)*
Vermeidung von Emissionen durch	
Aufgabe der hauseigenen Verbrennungsanlage	*88 (45,2%)*
Einsatz von wiederverwendbaren	
Op.-Abdecksystemen	*50 (25,6%)*

Entsorgung

Wertstofferhaltung durch Abfallsortierung	
(Papier, Glas, Kunststoffe)	*61 (77,4%)*
Sammlung von Leergebinden und	
anschließendes Recycling	*101 (48,5%)*
Verwendung von Mehrweggebinden zum Transport	
krankenhausspezifischer Abfälle	*70 (33,6%)*
Sammlung von Batterien	*83 (87,9%)*
Recycling von Fixier- und Entwicklerflüssigkeit	*163 (78,4%)*
Sammlung von Altmedikamenten	*190 (91,3%)*
Analyse der Abwässer auf Belastungen	*55 (26,4%)*
Verwertung von Speiseabfällen	*6 (2,9%)*
ordnungsgemäße Zwischenlagerung	
von gefährlichen Stoffen	*3 (1,5%)*

Schlußfolgerungen

Bei den Teilnehmern sind bereits sehr umfangreiche Maßnahmen zur Verbrauchsreduzierung belastender Produkte und zur Abfallverringerung eingeleitet worden. Der Erfolg wird regelmäßig überprüft.

– Risiken und Handlungsbedarf

Analysieren Sie die Risiken im Krankenhausbetrieb?

nein	*156 (60,0 %)*
ja	*104 (40,0 %)*

Falls ja, welche Risiken umfaßt diese Analyse (Mehrfachnennungen möglich)?

Behandlungsfehler (Ärzte)	*26 (25,0 %)*
Pflegefehler (Pflegepersonal)	*26 (25,0 %)*
Bedienungsfehler (Hilfskräfte)	*31 (30,0 %)*
Kaufmännische Risiken (Verwaltung)	*29 (28,0 %)*
Strategische Risiken (z. B. Imageverlust bei Skandalen)	*26 (25,0 %)*

Wie begegnen Sie diesen Risiken (Mehrfachnennungen möglich)?

Im Rahmen der gesetzlichen Vorgaben	*26 (25,0 %,*
Regelmäßige Überprüfungen/Gespräche	*36 (34,6 %,*
Detaillierte Risikochecks	*7 (6,7 %,*
Versicherungen	*26 (25,0 %,*
Beratung durch Externe	*9 (8,7 %,*

18

Wo sehen Sie für die Krankenhäuser allgemein den größten Handlungsbedarf in bezug auf den Umweltschutz?

(Angaben in %)	*Sehr bedeutend*	*Bedeutend*	*Weniger bedeutend*	*Unbedeutend*
Energieeinsparung	*55,0*	*40,0*	*5,0*	*0,0*
Wasserverbrauchsreduzierung	*30,0*	*52,5*	*17,5*	*0,0*
Verminderung des Verbrauchs von Einmalartikeln	*37,5*	*42,5*	*20,0*	*0,0*
Reduzierung der Verpackungsabfälle	*60,0*	*35,0*	*5,0*	*0,0*
Verwendung/Einsatz umweltschonender Produkte	*65,0*	*35,0*	*0,0*	*0,0*
Abwasseranalyse und -behandlung	*12,5*	*60,0*	*27,5*	*0,0*
Fachpersonal mit entsprechender Erfahrung (nicht vorgegeben)	*wurde 2mal als sehr bedeutend aufgeführt*			

Schlußfolgerungen

Das Risikobewußtsein ist in den Häusern der Teilnehmer relativ gering ausgeprägt. Umweltgefährdungsrisiken wurden nicht genannt.

Im Einsatz umweltverträglicherer Produkte und in der Reduzierung der Verpackungsabfälle wird der größte Handlungsbedarf gesehen.

Woher beziehen Sie Ihre Informationen über Umweltschutz im Krankenhaus?

Tagespresse	*75 %*
Fachzeitschriften	*83 %*
Messen	*40 %*
externe Berater	*18 %*
Lieferanten	*42 %*
Verbandsinformationen	*40 %*
Fortbildungsveranstaltungen	*10 %*
Greenpeace	*3 %*

Sind Ihnen die für Sie relevanten Gesetze und Verordnungen zum Umweltschutz bekannt?

nein	*78 (30 %)*
ja	*182 (70 %)*

Falls ja, welche sind besonders wichtig?

Abfallbeseitigungsgesetz	*17*
Gefahrstoffverordnung	*12*
TA-Luft	*20*
alle umweltrelevanten Gesetze	*24*
Produzentenhaftung	*4*
Benutzer-/Betreiberhaftung	*3*
Lebensmittelgesetz	*2*

Sind Ihnen die umwelthaftungsrechtlichen Probleme bekannt?

nein	*155 (60 %)*
ja	*105 (40 %)*

Welche den Umweltschutz fördernden Informationen bzw. Unterstützungen hätten Sie gerne?

Umweltschutzberatung und Informierung der Krankenhäuser untereinander	*34*
Zusammenfassungen über Umweltschutz	*12*
Fortbildungsveranstaltungen/Literatur	*22*
Checklisten über Umweltschutzmaßnahmen	*8*
Infos über den Einsatz umweltschonender Reinigungsmittel	*12*
Infos über Differenzierung und Entsorgung von Krankenhausmüll	*15*
Beratung und Hilfe bei auftretenden Einzelproblemen	*6*
Handbuch mit einfachen, verständlichen Informationen	*2*
Hinweise über Recycling von Kunststoffabfällen	*1*

Schlußfolgerungen

Informationen über umweltrelevante Fragen beziehen die Teilnehmer in erster Linie aus den Krankenhausfachzeitschriften sowie der Tagespresse.

Der Informationsstand über die Umweltgesetze und -verordnungen ist befriedigend, die Kenntnisse über die hieraus resultierenden haftungsrechtlichen Risiken sind sehr gering.

Gewünscht wird ein intensiverer Erfahrungsaustausch zwischen den Krankenhäusern.

– internes Informationsmanagement/-Weiterbildung

Gibt es in Ihrem Krankenhaus konkrete schriftliche Empfehlungen zum Umweltschutz?

nein	*89 (34,2 %)*
ja	*171 (65,8 %)*

Falls ja, für welche Bereiche (Mehrfachnennungen möglich)?

Einkauf	*126 (73,7 %)*
Technischer Bereich	*112 (65,5 %)*
Pflegebereich	*98 (52,0 %)*
Medizinischer Bereich	*68 (39,7 %)*
Wirtschaftsdienst	*132 (77,2 %)*
Verwaltung	*92 (53,8 %)*

In welcher Form liegen diese Empfehlungen vor?

Abfallsammelpläne	*145 (84,8 %)*
Produktempfehlungslisten	*101 (59,0 %)*
Richtlinien zur Verwendung	*82 (47,9 %)*
Einkaufsrichtlinien	*38 (22,3 %)*

Werden Umweltschutzthemen bei der betrieblichen Weiterbildung angesprochen?

nein	*109 (52,4 %)*
ja	*151 (57,6 %)*

Falls ja, welche Themen sind für welche Zielgruppen relevant?

(Angaben in %)	*Pflege-kräfte*	*Ärzte*	*Mitarbeiter der Wirt-schafts-dienste und Verwaltung*
– Energieverbrauch	*68*	*48*	*77*
– Wasserverbrauch	*68*	*33*	*97*
– Reduzierung von Abfällen	*100*	*76*	*100*
– Reduzierung des Verbrauchs von Produkten	*94*	*73*	*82*

22

(Fortsetzung)

	Pflege- kräfte	Ärzte	Mitarbeiter der Wirt- schafts- dienste und Verwaltung
– Substitution umwelt- belastender Stoffe	56	48	79
– Vermeidung von Umweltschäden durch Bedienungsfehler	69	57	75
– Umweltschutzgesetzgebung	29	36	79
– Umwelthaftungsrecht	45	48	75
– Getrennte Sammlung umweltgefährdender Stoffe	97	71	97

Haben Sie eine eigene Krankenhauszeitung oder ähnliches?

nein	*144 (55 %)*
ja	*118 (45 %)*

Falls ja, werden in dieser Publikation auch Umweltschutzthemen behandelt?

nein	*47 %*
ja	*53 %*

Schlußfolgerungen

Zwei Drittel der Häuser versuchen, mit schriftlichen Empfehlungen den Umweltschutzgedanken zu fördern.

In der betrieblichen Weiterbildung ist Umweltschutz nur bei der Hälfte der Häuser fester Schulungspunkt.

Die Befragung zeigt – wenn auch nicht repräsentativ, so doch tendentiell – den Entwicklungsstand des Umweltschutzgedankens im Krankenhaus.

Die wichtigsten Erkenntnisse sind:

- Die Krankenhäuser wissen, daß aus der Erfüllung ihres Auftrags auch eine Belastung der Umwelt resultiert.

- Die Notwendigkeit, durch entsprechende Maßnahmen den Verbrauch von Rohstoffen und das Entstehen von Abfällen und Emissionen zu reduzieren, wird erkannt.

- Die bis jetzt eingeleiteten Veränderungen im Einkaufs- und Verwendungsverhalten haben sich schon positiv ausgewirkt.

- Die Position des Umweltschutzgedankens in der Rangreihe der Krankenhausziele ist noch verbesserungswürdig.

- Die Krankenhäuser haben die Vorteile von Risikoanalysen, besonders der ökologischen Risikochecks, noch nicht genügend erkannt.

- Die Einbindung des Umweltschutzes in die Weiterbildungsmaßnahmen ist noch keine Selbstverständlichkeit.

- Der Erfahrungsaustausch über geeignete Konzepte zur Umweltentlastung ist noch zu organisieren.

4 Materialwirtschaft im Krankenhaus

Die Krankenhäuser sind nach den privaten Haushalten und dem Hotel- und Gaststättengewerbe die größte homogene Verbrauchergruppe für Produkte des täglichen Bedarfs.

Der zu deckende Güterbedarf im Krankenhaus ist beachtlich. So betrugen die Ausgaben für die nachfolgenden Kostenarten im Jahr 1987 für

medizinischen Bedarf	9,73 Mrd. DM
Lebensmittel	1,78 Mrd. DM
Sonstige Sachkosten	2,30 Mrd. Dm
Instandhaltung	1,96 Mrd. DM
Wirtschaftsbedarf	2,12 Mrd. DM
Wasser, Energie, Brennstoffe	1,92 Mrd. DM

Der medizinische Bedarf ist mit ca. 49 % der größte Posten innerhalb der Sachkosten. Seine Gliederung pro Berechnungstag zeigt Tabelle 1.

Art und Umfang des jeweiligen Bedarfs sind durch das Leistungsangebot der Krankenhäuser vorgegeben und können vom Bereich Materialwirtschaft kaum beeinflußt werden.

Eichhorn schreibt im *Handbuch Krankenhaus-Management*[1] über die Funktionen Materialwirtschaft und Beschaffung: „Die Aufgabe dieser beiden Funktionen ist die zeitgerechte Bereitstellung aller zum Leistungserstellungsprozeß benötigten Produktionsfaktoren in der notwendigen Qualität und zu minimalen Kosten." Weiter führt er aus, daß

---

[1] Erff W von (Hrsg) (1985) Handbuch Krankenhaus-Management. ecomed, Landsberg am Lech.

die Beschaffung die Bereitstellung, Sicherung und Wiederverwertung aller betrieblichen Inputprojekte beinhaltet. Unter dem Kapitel Beschaffungsmarketing beschreibt er 4 Gruppen, in die sich die Materialwirtschaft gliedert:

1) als wichtigste Gruppe Arzneimittel und übriger medizinischer Bedarf,
2) technischer Bedarf,
3) Bürobedarf,
4) Lebensmittel.

Tabelle 1. Medizinischer Bedarf 1987 je Berechnungstag[a]

Nr.	Medizinischer Bedarf	DM	[%]
1	Arzneimittel	13,30	29,2
2	Kosten der Lieferapotheke	0,31	0,7
3	Blut, Blutkonserven, Blutplasma	3,44	7,5
4	Verbandsmittel	1,83	4,0
5	Ärztliches/pflegerisches Verbrauchsmaterial/Instrumente	5,46	12,0
6	Narkose- und sonstiger Op.-Bedarf	7,76	10,4
7	Bedarf für Röntgen- und Nuklearmedizin	2,86	6,3
8	Laborbedarf	3,83	8,4
9	Untersuchungen in fremden Instituten	3,30	7,2
10	Bedarf für EKG, EEG, Sonographie	0,30	0,7
11	Bedarf für physikalische Therapie	0,11	0,2
12	Apothekenbedarf, Desinfektionsmaterial	0,40	0,9
13	Implantate	2,96	6,5
14	Transplantate	0,06	0,1
15	Dialysebedarf	0,76	1,7
16	Kosten für Krankentransporte	0,60	1,3
17	Sonstiger medizinischer Bedarf	1,34	2,9
18	Medizinischer Bedarf insgesamt	45,64	100,0

[a] Aus: *Deutsche Krankenhaus-Gesellschaft* 8/89.

Dabei nennt er 2 Zielsetzungen, die es zu bewältigen gilt:

a) betriebstechnische Zielsetzung:

Welche Materialien werden wann, in welchem Umfang, in welcher Qualität benötigt und wie kann die Verfügbarkeit gesichert werden?

b) ökonomische Zielsetzung:

Welche Kombination von Kosten, beispielsweise für Material, Transport, Lagerung, Bereitstellung, Reparaturen, Abschreibungen und Kapitalbindung, bewirkt ein optimales Ergebnis?

Es bietet sich an, diesen eine 3. Zielsetzung hinzuzufügen:

c) ökologische Zielsetzung:

Welche für die Leistungserbringung notwendigen Produkte können durch umweltverträglichere ersetzt werden, ohne die strukturelle, pflegerische und therapeutische Qualität einzuschränken?

4.1 Beschaffungspolitik – traditionelle Auswahlkriterien

Bei der überwiegenden Zahl der Krankenhäuser erfolgt die Beschaffung nach der Verdingungsordnung für Leistungen (VOL) oder nach der Verdingungsordnung für Bauleistungen (VOB).

VOL und VOB sind die wesentliche Rechtsgrundlage für das Beschaffungswesen und bindend für die Beschaffung und Auftragsvergabe des Bundes, der Länder sowie der Gebietskörperschaften:

- Städte,
- Gemeinden,
- Bezirksregierungen,
- Zweckverbände.

Krankenhäuser öffentlich-rechtlicher Träger sind in ihrer Beschaffung den Bestimmungen der VOL/VOB unterworfen, Krankenhäuser freigemeinnütziger oder privater Träger sind nicht dazu verpflichtet, richten sich aber in der Regel danach. Bis zum Jahre 1983 war das allein ausschlaggebende Kriterium für den Kauf oder die Vergabe eines Auftrags das Preis-/Leistungsverhältnis der angebotenen Waren und Dienstleistungen.

Über die zu beachtenden Grundsätze bei der Vergabe von Leistungen heißt es in § 2 der VOL/A:

„1. Leistungen sind in der Regel im Wettbewerb zu vergeben.

2. Wettbewerbsbeschränkende und unlautere Verhaltensweisen sind zu bekämpfen.

3. Für die Berücksichtigung von Bewerbern, bei denen Umstände besonderer Art vorliegen, sind jeweils hierüber erlassene Rechts- und Verwaltungsvorschriften des Bundes und der Länder maßgebend.“

Über die Vergabearten heißt es in § 3 der VOL/A:

„1. Bei *öffentlicher Ausschreibung* werden Leistungen im vorgeschriebenen Verfahren nach öffentlicher Aufforderung einer beschränkten Zahl von Unternehmen zur Einreichung von Angeboten vergeben.

2. Bei *beschränkter Ausschreibung* werden Leistungen im vorgeschriebenen Verfahren nach Aufforderung einer beschränkten Zahl von Unternehmen zur Einreichung von Angeboten vergeben.

3. Bei *freihändiger Vergabe* werden Leistungen ohne ein förmliches Verfahren vergeben.“

Die gebräuchlichste Form der Beschaffung in den Krankenhäusern ist die beschränkte Ausschreibung. Experten schätzen, daß ca. 70 % aller Investitions- und Konsumgüter über diesen Weg eingekauft werden.

Die öffentliche Ausschreibung findet Anwendung bei größeren Vorhaben im Bereich der Investitionsgüterbeschaffung.

Die freihändige Vergabe ist ohne Bedeutung und beschränkt sich auf den Einkauf geringwertiger Wirtschaftsgüter.

Allen 3 Verfahren gemeinsam ist das Problem der Leistungsbeschreibung. Nur durch eine präzise und sachgerechte Beschreibung der geforderten Leistung werden die Anbieter in die Lage versetzt, ihre jeweiligen Marktleistungen vergleichbar darzustellen.

Die VOL führt hierzu in § 8 Leistungsbeschreibung aus:

„1. (1) Die Leistung ist eindeutig und so erschöpfend zu beschreiben, daß alle Bewerber die Beschreibung im gleichen Sinne verstehen müssen und die Angebote miteinander verglichen werden können.

(2) Um eine einwandfreie Preisermittlung zu ermöglichen, sind alle sie beeinflussenden Umstände festzustellen und in den Verdingungsunterlagen anzugeben."

In der Praxis wurden viele dieser Leistungsbeschreibungen aus den Ist-Leistungen bzw. den Angeboten entwickelt. Durch Weiterentwicklung erzielte Verbesserungen im Leistungsspektrum der verschiedenen Anbieter werden dadurch im konkreten Falle einer neuen Ausschreibung oft nicht gewürdigt. Dies trifft v. a. auf Nebenleistungen wie Wartung, Einarbeitung etc. sowie auf Leistungsverbesserungen zu, die dem Umwelt-, Produkt- und Verbraucherschutz dienen.

Nachfolgend werden in den Übersichten a)-e) einige Beispiele für beschränkte Aufforderungen von Angeboten aufgeführt, in denen nur Produkt und Preis Entscheidungskriterien sind:

a) Ausschreibung für Einmalartikel mit Herstellervorgabe

Anlage zu unserem Schreiben
vom 12. 07. 1989   Firmenstempel

16)	400 Stück	Mullbinde mit Webkante, DIN 61631, ZW/ZW-Qualität, 4 m lang, 8 cm breit, Lohmann 19552
17)	400 Stück	Mullbinde mit Webkante, DIN 61631, ZW/ZW-Qualität, 4 m lang, 10 cm breit, Lohmann 19553
18)	500 Stück	Leukelast-Binden-Bandagen, weiß, im Zellglas, koch und sterilisierbar, 5 m gedehnt, 6 cm breit, Lohmann 19460
19)	3100 Stück	Leukelast-Binden-Bandagen, weiß, im Zellglas, koch- und sterilisierbar, 5 m gedehnt, 10 cm breit, Lohmann 19462
20)	1250 Stück	Leukelast-Binden-Bandagen, weiß, im Zellglas, koch- und sterilisierbar, 5 m gedehnt, 12 cm breit, Lohmann 19463

b) Ausschreibung für Laborbedarf ohne Herstellervorgabe

Voraussichtlicher Laborbedarf Anlage zu unserem Schreiben vom 19. April 1989	Nettopreise, ohne Mwst. per o/o.Stück
90000 Stck. Reaktionsgefäße mit Deckel	
40000 Stck. Pipettenspitzen, blau	
140000 Stck. Pipettenspitzen, gelb	
98000 Stck. Einmalröhrchen 100 · 16 mm	
28000 Stck. Coulter-Gefäße	
12000 Stck. Koagulometerröhrchen 55 · 12 mm	
45000 Stck. Hitachi-Gefäße	
14000 Stck. Transferpipetten 1 ml	
6000 Stck. Transferpipetten 3 ml	
200 Stck. Kapillarpipetten 40 µl	
200 Stck. Kapillarpipetten 50 µl	
300 Stck. Kapillarpipetten 100 µl	
2500 Stck. Einmalkapillarpipetten Coulter 44,7 Ul	
6000 Stck. Thrombozyteinmalröhrchen Coulter 70 · 11 4 ml	

c) Ausschreibung für Hygieneprodukte mit Produktvorgabe (Kan. = Kannen, Ds. = Dosen, Fl. = Flaschen)

Voraussichtliche Bedarfsaufstellung		per Stck., kg, Geb.
220 Kan.	Incidur YR 3	
20 Ds.	Incidur Spray YD 10	
10 Kan.	Incidin spez. Spray YPK 2	
40 Kan.	Incidin extra à 5 l	
950 Fl.	Forlan FL 24 L	
660 Fl.	Manipur 1 l	
50 Fl.	Manipur 380 ml	
200 Kan.	Manipur 5 l	
4 Kan.	Lodisin Seifencreme – 10 l	
25 Kan.	Bacillocid spezial à 25 l	
40 Kan.	Abacid à 5 l	
30 Kan.	Bacillol plus Spray à 5 l	
240 Fl.	Baccalin SR 4 à 2 l	
360 Kan.	Sterilium à 5 l	

d) Ausschreibung für Büromaterial mit teilweiser Produktvorgabe

Stückzahl	Gegenstand – Ware	Einzel-preis DM	Gesamt-preis DM
entfällt	Schreibmaschinen-Farbbänder mit D.-Spule schwarz		
entfällt	dto. schwarz/rot		
400	Radiergummi z. B. Pelikan BR		
200	Bleistiftspitzer einfach		
entfällt	Ersatzmesser für Bleistiftspitzer		
entfällt	Farbband schwarz/rot f. Re.-Masch. Gr. 51 S		
240	Radierstifte z. B. Läufer Florett 1010		
4 × 144	Farbstifte rot/blau		
4 × 144	Bleistifte H2		
4 × 144	Bleistifte HB		
4 × 144	Bleistifte B2		
entfällt	Prägebänder DYMO 3 m 6 mm		
entfällt	Prägebänder DYMO 3 m 9 mm		
100 blau 100 rosa	Karteikarten A6 quer blanko		
dto.	dto. liniert		
entfällt	Karteikarten A5 quer blanko 100 St. versch. Farben		
200 lin./400 kar.	Doppelhefte A5 lin. + kar. 48 Bl.		
entfällt	Oktavhefte A6 lin. + kar.		
300	Filzschreiber mit ausw. Minen z. B. Hauser 306 schwarz		
entfällt	dto. blau		
300	dto. rot		
entfällt	Ersatzminen für Filzschreiber z. B. F 202 F schwarz/rot/blau		
entfällt	dto. Nr. 201 schwarz/rot/blau		
400	Kugelschreiber schwarz		
800	dto. rot		
800	dto. blau		
1600 davon	Kugelschreiber-Minen rot 400/blau 600/ schwarz 600		
3000	Tesafilm 1 cm		
1800	dto. 2 cm		
100	Tesa-Abroller bis 2 cm		
entfällt	Typenreiniger K/50		
entfällt	Prittstifte kl. Pk 211		
300	Prittstifte gr. PK 311		
300	Klarsichtschnellhefter farb. sort.		
50000	Prospekthüllen A4		

e) Ausschreibung für Nahrungsmittel mit Typenvorgabe

Angebotsaufforderung für die Bäckerei

Sehr geehrte Damen und Herren,

der voraussichtliche Mehlbedarf für die nächsten 6 Monate wird in etwa bei folgenden Mengen liegen:

Type	405	Weizenmehl	ca.	6 000 kg	
Type	550	Weizenmehl	ca.	10 000 kg	mit Silowagen
Type	1050	Weizenmehl	ca.	5 000 kg	
Type	997	Roggenmehl	ca.	6 000 kg	
Type	1700	Backschrot	ca.	50 kg	in Säcken
Type	1800	Backschrot	ca.	100 kg	

Sofern Sie an der Belieferung interessiert sind, wird Ihr schriftliches Preisangebot – keine Vertreterbesuche – mit 6 Monaten Gültigkeit bis zum 31. Juli 1989 erwartet.

Hochachtungsvoll
i. A.

Bei allen Beispielen sind die Leistungskriterien durch bestimmte gewünschte Marken, Typen oder Anwendungseigenschaften vorgegeben.

Weder Serviceleistungen der Anbieter noch besondere Leistungen im Sinne des Umweltschutzes werden nachgefragt. Solange diese Vergabepraxis keine Erweiterung im Sinne einer Frage nach der Umweltverträglichkeit der Marktleistungen erfährt, bleibt auch das Angebot eingeschränkt.

Auch in der innerbetrieblichen Anforderungspraxis, die in vielen Krankenhäusern formal geregelt wird, sind in den verwendeten Bedarfsmeldungen und den Begründungen keine Elemente des Umwelt-, Produkt- und Verbraucherschutzes berücksichtigt. Im nachfolgenden Beispiel ist eine umweltorientierte Anforderungsbegründung zwar möglich, aber nicht explizit als Leistungs- bzw. Produktaustattungskriterium vorgegeben:

MUSTER

| An die Verwaltung z. Hd. | Anforderung
zur
Neueinführung
von
Verbrauchsmaterial
(Austausch oder zusätzlich) | Anforderungsstelle:

Kostenstelle: |

Art und Bezeichnung:

Begründung der Notwendigkeit/Dringlichkeit:

Verwendungszweck/Anwendungsgebiet:

Nutzer:

| Einzelpreis DM incl. MWSt.: | Häufigkeit der Anwendung pro Jahr: |

Ersatz für vorhandene(s) Produkt(e):   ☐ ja   ☐ nein
Wenn ja, welche(s):

Welche Auswirkungen auf die Arbeitstechnik(en) sind zu erwarten)?

Bemerkungen:

den ___________________________

____
Unterschrift des Anfordernden

____
Unterschrift des ärztlichen Direktors

Stellungnahme technische Abteilung:

Stellungnahme Hygiene:

Stellungnahme Pflegedienstleitung:

Stellungnahme:

Stellungnahme:

Einkauf:

ausgeschrieben am:

bestellt am: bei:

nicht bestellt, weil:

34

Seit der Novellierung der VOL im Jahre 1984 wird in der Ergänzung zur Erläuterung des § 8 der VOL/A auf die Möglichkeiten hingewiesen, in die Leistungsbeschreibungen/-anforderungen auch Umweltschutzforderungen mit aufzunehmen.

In den Erläuterungen zu § 8 Nr. 3 Abs. 1 der VOL/A heißt es: „Unter Beachtung des haushaltsrechtlichen Grundsatzes der Wirtschaftlichkeit und Sparsamkeit sind an die gewünschte Leistung nur solche Anforderungen zu stellen, die zur Aufgabenerfüllung unbedingt notwendig sind. In diesem Rahmen können z. B. auch Gesichtspunkte des Umweltschutzes berücksichtigt werden."

Für die Praxis des Einkäufers ergibt sich daraus die Option, umweltrelevante Leistungsmerkmale in den Anforderungskatalog der gesuchten Ware mitaufzunehmen.

Die Länder und Gebietskörperschaften haben durch entsprechende Erlasse inzwischen dazu beigetragen, daß Umweltschutzgesichtspunkte in die Beschaffungspraxis einbezogen werden.

Das Umweltbundesamt hat in 2., überarbeiteter Auflage ein Handbuch zur Beschaffung unter Berücksichtigung des Umweltschutzes herausgegeben.[2]

Eine ergänzende Entscheidungshilfe zur Beschaffung unter Berücksichtigung der ökologischen Verträglichkeit ist der „Blaue Engel", mit dem Marktleistungen ausgezeichnet werden, die im Vergleich zu bisherigen Problemlösungen eine Umweltentlastung bieten. Leider ist das aktuelle Angebot für die Krankenhäuser noch sehr gering.

Die dem Krankenhauseinkäufer damit gegebenen Entscheidungshilfen reichen aber nicht aus für eine ökologisch orientierte Beschaffungspolitik. Informationsdefizite in bezug auf die tatsächliche Umweltverträglichkeit der Angebote, technologische Vorgaben der Verbrauchsstellen und Kostenlimits der Leitung beengen den Handlungsspielraum der Einkäufer.

---

2 Umweltbundesamt (1989) Umweltfreundliche Beschaffung, 2. Aufl. Bauverlage, Wiesbaden Berlin.

Die organisatorischen und rechtlichen Voraussetzungen für eine umweltfreundliche Materialwirtschaft im Krankenhaus sind noch weiter zu entwickeln und zu verbessern.

Die Frage nach negativen Nebenwirkungen im Sinne einer Belastungsanalyse in den 4 Entwicklungsstufen eines Produktes

- Gewinnung der Roh-, Hilfs- und Betriebsstoffe,
- Produktherstellung und -verteilung,
- Einsatz und Verwendung,
- Entsorgung

ist in die Beschaffungspraxis der Krankenhäuser bis auf Einzelfälle noch nicht eingegangen.

4.2 Beschaffungspolitik – erweiterte Kriterien

Den Krankenhauseinkäufern aus dem vorgenannten Tatbestand einen Vorwurf zu machen, ist sicherlich falsch. Umfang und Vielfalt der für ein Krankenhaus zu beschaffenden Produkte sind sehr groß, so daß die gewissenhafte Prüfung allein der klassischen Leistungskriterien

- Produktnutzen,
- Verfügbarkeit,
- Service,
- Preis

wie schon erwähnt nur ungenügend erfolgen kann.

Oberstes Ziel eines Krankenhauses ist es, den Patienten so schnell wie möglich so gesund wie möglich wieder zu entlassen. Alle während des Aufenthaltes notwendigen Einsatzmittel haben sich der Zielsetzung „schnelle Genesung des Patienten" unterzuordnen.

Die Befragung „Umweltschutz im Krankenhaus" zeigt die Priorität
dieses Ziels sehr deutlich. Für alle befragten Krankenhausleitungen war
die Erhaltung der medizinischen Leistungsqualität sehr wichtig bis
wichtig. Nachrangig folgten:
-	Sicherung des Hygienestandards,
-	Beibehaltung der Wirtschaftlichkeit,
-	Kostenminimierung,
-	umweltschonendes Verhalten,
-	sachgerechte Werterhaltung.

Seinen konkreten Niederschlag findet diese Zielhierarchie im praktizierten Einkaufsverhalten der Krankenhäuser. Hier rangiert das Merkmal
Preis-Leistungs-Verhältnis an erster Stelle bei den Entscheidungskriterien. Eine geringere Umweltbelastung ist aufgrund der Zielvorgaben
weniger bedeutend für die Einkaufsentscheidungen in den Häusern.

Ein erster Schritt, auch diese Leistungsmerkmale stärker in die
Entscheidungsfindung einzubinden, könnte ein intensiviertes Informationsmanagement in bezug auf den Ressourcenverbrauch und das
Belastungspotential der in den Krankenhäusern verbrauchten Stoffe
sein, worauf im folgenden eingegangen wird.

4.2.1 Umweltrelevante Produkte in den Krankenhäusern

Die Verbrauchsstruktur des Dienstleistungsbetriebs Krankenhaus weist
ein besonderes Profil auf und läßt einen unmittelbaren Vergleich mit
industriellen oder gewerblichen Betrieben nicht zu. Vereinfacht dargestellt handelt es sich bei Krankenhäusern um Gastronomiebetriebe mit
medizinischen und technischen Dienstleistungen.

Der für 1987 ermittelte Sachbedarf gemäß § 17 Abs. 3 Krankenhaus-finanzierungsgesetz betrug:[3]

	Kosten je Berechnungstag
Lebensmittel	*8,38 DM*
Medizinischer Bedarf	*45,64 DM*
Wasser, Energie, Brennstoffe	*8,98 DM*
Wirtschaftsbedarf	*9,91 DM*
Verwaltungsbedarf	*4,43 DM*
Gebrauchsgüter	*0,75 DM*

Zu diesen Aufwendungen für den erstattungsfähigen Sachbedarf kommen noch die nicht pflegesatzfähigen Aufwendungen gemäß § 17 Abs. 4 Nr. 1 Krankenhausfinanzierungsgesetz wie:
- Einrichtung und Erstausstattung von Krankenhäusern,
- Ergänzung von Anlagegütern,
- Wiederbeschaffung von Anlagegütern mit einer durchschnittlichen Nutzungsdauer von mehr als 3 Jahren,
- Erhaltung oder Wiederherstellung von Anlagegütern, soweit deren Kosten nicht zu den Instandhaltungskosten gehören.

Umweltrelevante Produkte sind mehr oder weniger in allen Sachbedarfsgruppen zu finden. Nachfolgend sind die Produktgruppen, die im Rahmen einer Produktlinienanalyse auf ihre Umweltverträglichkeit zu überprüfen sind, aufgelistet:[4]

---

[3] Deutsche Krankenhaus-Gesellschaft (1987) Auswertung der Kosten- und Leistungsnachweise 1987.

[4] Projektgruppe Ökologische Wirtschaft (1987) Produktlinienanalyse – Bedürfnisse, Produkte und ihre Folgen. Kölner Volksblatt Verlag; sowie Müller-Wenk R (1978) Ökologische Buchhaltung. Campus, Frankfurt am Main New York.

- Lebensmittel,
- medizinischer Bedarf,
- Wasser, Energie, Brennstoffe,
- Wirtschaftsbedarf,
- Verwaltungsbedarf,
- Gebrauchsgüter,
- Investitionsgüter medizinische Geräte,
- Geräte, Maschinen für die Wirtschafts- und technischen Dienste,
- Bauleistungen,
- Bauausstattung,
- Außenanlagen.

Von den ca. 1500 in den Krankenhäusern eingesetzten Ver- oder Gebrauchsgütern geht, durch Produktion, Konsumption oder Entsorgung von ca. 10% ein entscheidender Einfluß auf die Qualität unserer Umwelt aus. Die Umweltrelevanz der Produkte wird definiert durch die Beurteilungsbereiche:
- Stoffgewinnung,
- Stoffveränderung,
- Verwendung und
- Entsorgung.

Um dem Einkauf die notwendige Entscheidungskompetenz zu verleihen, sind nachfolgend die wichtigsten Stoffgruppen mit den bekannten Daten zum Ressourcenverbrauch und den möglichen Belastungen beschrieben:
1. Batterien,
2. Desinfektionsmittel und Seifen,
3. Reinigungsmittel,
4. Fotochemikalien,
5. Geschirrspülmittel,
6. Kunststoffprodukte,
7. Laborchemikalien,

8. Medikamente,
9. Nahrungsmittel,
10. Papiere,
11. quecksilberhaltige Artikel und Leuchtstoffröhren,
12. textile Einmalartikel,
13. Verbandstoffe,
14. Waschmittel,
15. radioaktives Material und Zytostatika.

4.2.2 Die wichtigsten Produkte und Stoffgruppen

● **Batterien**

Art und Umfang

Etwa 450 Mio. vom Stromnetz unabhängige Geräte werden z. Z. in der BRD betrieben – mit steigender Tendenz.

Auch in den Krankenhäusern ist der Einsatz von netzunabhängigen elektrischen Geräten auf beachtliche 3,7–4 Mio. angewachsen.

Verwendung finden 2 Batterietypen:
- Primär- oder Trockenbatterien, die *nicht* wiederaufladbar sind,
- Sekundärbatterien oder Akkumulatoren, die *wiederaufladbar* sind.

Wesentliche Erscheinungsformen der Systeme sind:

Primärsysteme:
- Alkali-Mangan-Batterien in verschiedenen Bauformen,
- Quecksilberoxidbatterien als Knopfzelle,
- Zink-Kohle-Batterien als Rundzelle,
- Zink-Luft-Batterien in verschiedenen Bauformen,
- Lithiumbatterien als Rund- und Knopfzelle.

Sekundärsysteme:
- Bleiakkumulatoren, z. B. in Autos verwendet,
- Nickel-Cadmium-Batterien in verschiedenen Bauformen.

Eine Gefährdung der Umwelt durch Batterien ist dann gegeben, wenn diese als Abfall einer Verbrennung oder Deponierung zugeführt werden. Die Gefahr geht von den Schwermetallen Quecksilber und Cadmium aus, die mit unterschiedlichen Anteilen in den meisten Batterien enthalten sind.[5]

	Zink-Kohle-Batterien	*Alkali-Mangan-Batterien*	*Quecksil-beroxid-batterien*	*Zink-Luft-Batterien*	*Nickel-Cadmium-Batterien*
Schwer-metall-gehalt [%]	*ca. 0,01 Queck-silber*	*0,4 Queck-silber*	*33,0 Queck-silber*	*1,0–0,0 Queck-silber*	*20,0 Cadmium*

Zink-Luft-Batterien basieren auf der elektrochemischen Technik Lithium/Kohlenstofffluorid und Lithium/Mangandioxid und sind frei von Quecksilber und Cadmium. Produkte diesen Typs haben 1987 das Umweltzeichen erhalten.

Seit September 1988 gibt es eine Vereinbarung zwischen den Umweltministerium und den Verbänden der Batteriehersteller und des Einzelhandels, wonach schadstoffhaltige Batterien mit dem ISO-Zeichen für Recycling (3 Pfeile) zu kennzeichnen und über eine Rücknahme durch den Handel umweltgerecht zu beseitigen sind.

---

[5] Umweltbundesamt (o. J.) Umweltfreundliche Beschaffung, 2. Aufl. Bauverlag, Wiesbaden Berlin.

- *Desinfektionsmittel*

Art und Umfang

Im internationalen Vergleich nimmt die Bundesrepublik Deutschland, was die Qualität der verwendeten Produkte sowie den Einsatz der finanziellen Mittel betrifft, eine Spitzenposition ein. Der damit bisher erreichte Hygienestandard ist aber bei weitem noch nicht befriedigend. Die Quote der Patienten, die im Krankenhaus eine Infektion erleiden, liegt zwischen 4 und 10%, was ca. 750000 Patienten pro Jahr entspricht. Es wird angenommen, daß ca. 20000 Patienten an den Folgen einer solchen Sekundärinfektion sterben (Abb. 1).

Neben dem gesundheitspolitischen Ausmaß dieses Problems sind auch die ökonomischen Folgen einer nosokomialen Infektion beachtlich. Experten schätzen, daß ca. 1,5 Mrd. DM pro Jahr für ihre Behandlung aufzuwenden sind.

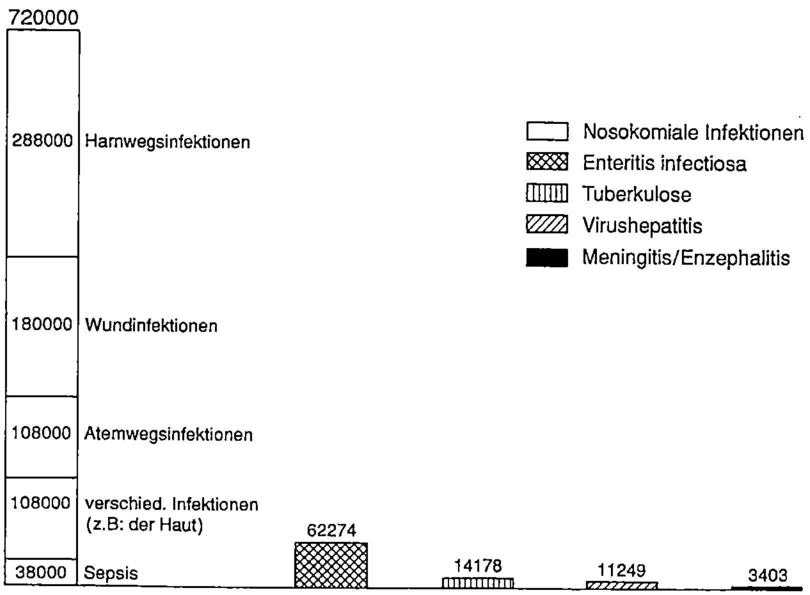

Abb. 1. Krankenhausinfektionen – ein medizinisches, soziales und ökonomisches Problem. (Nach Statistischem Bundesamt Wiesbaden und einer Studie der Deutschen Krankenhaus-Gesellschaft)

Die Aufwendungen für die in Krankenhäusern eingesetzten Desinfektionsmittel sind im Vergleich bescheiden und werden auf ca. 180 Mio. DM geschätzt.

Gegliedert nach Produktgruppen werden verwendet:
- Mittel zur Desinfektion von Oberflächen,
- Mittel zur Desinfektion von Instrumenten und Hohlkörpern,
- Mittel zur Desinfektion von Haut- und Schleimhaut,
- Mittel zur Desinfektion von Raumluft

    und – wenn das Krankenhaus über eine eigene Wäscherei verfügt, –
- Mittel zur Desinfektion von Textilien.

Der Verbrauch an Desinfektionsmitteln liegt bei ca. 22000 t pro Jahr.

Von dieser Menge sind die sog. Flächendesinfektionsmittel mit ca. 8500 t die größte Produktgruppe.

Die gebräuchlichsten antimikrobiellen Wirkstoffe in Desinfektionsmitteln sind:
- Formaldehyd, Glyoxal und Glutaraldehyd,
- o-Phenylphenol, p-Chlor-m-kresol und o-Benzyl-p-chlorphenol,
- Alkohole wie Ethanol und Isopropanol,
- Tenside (QAV) wie Benzylalkyldimethylammoniumchlorid und Dialkyldimethylammoniumchlorid,
- Biguanide wie Chlorhexidin, Oligodi(iminoimidocarbonyl)iminohexamethylen,
- Halogene wie Chlor und Jod,
- Sauerstoffabspalter wie Wasserstoffperoxid, Perborate/Perkarbonate und Peressigsäure,
- Säuren und Laugen.

Neben diesen antimikrobiellen Wirkstoffen enthalten handelsübliche Desinfektionsmittel noch eine Reihe chemischer Stoffe, die die Wirkung und Einsatzmöglichkeiten der Produkte verbessern.

Es handelt sich hauptsächlich um Tenside, Komplexbildner sowie Lösungsmittel und Lösungsvermittler (s. Musterlisten, S. 44–47).

Inhaltsstoffe in Desinfektionsmitteln und Seifen für Flächen,

Flächendesinfektionsmittel

Inhaltsstoffe (g/100 g)	Produkte			
	Incidin perfekt	Incidin GG	Indulfan plus	Incidin Extra
Antimikrobielle Wirkstoffe				
Formaldehyd	11,1	9,25	4,8	
Glyoxal	12	8	8	
Glutaraldehyd	3,75		1,2	
o-Phenylphenol				2
p-Chlor-m-kresol				
Ethanol				
Isopropanol				
n-Propanol				
Benzylalkohol				
Quartäre Ammoniumverbindungen	2,7		4,5	15
Chlorhexidin				
Oligodi(iminoimidocarbonyl)hexamethylen	1			2
Perborat				
Peressigsäure				
Wasserstoffperoxid				
Natriumhypochloritlösung				
Tetraacetylglykoluril				
Kaliumhydroxid				
Propylenglykol				
Tributylzinnbenzoat		3		
5-Brom-5-nitro-1,3-dioxacyclohexan				

zum Sprühen und zur manuellen Instrumentenaufbereitung

	Sprüh-des-infek-tions-mittel				Desinfektions- und Reinigungsmittel zur manuellen Instrumenten-aufbereitung					
Incidur	Minutil	Septolit	Incidin Spezial-Spray	Incidur Spray	Sekusept Pulver	Sekusept forte	Sekusept Extra	Velicin forte	Sekudrill	Reinigungsverstärker Sekusept
	8		0,129			11,1				
8,8	8		0,065			12	8,8			
4,5	4,5		0,019	0,018		3,75	4,5			
								20		
								10		
			40	40						
				10						
		7,5		0,05		2,7				
		0,5								
					10					
					10					
									5	
									50	
				0,01						

Inhaltsstoffe in Desinfektionsmitteln und Seifen zur maschinellen und zur Fußpilzprophylaxe und für Hämodialysegeräte

Inhaltsstoffe (g/100 g)	Desinfektions- und Reinigungsmittel zur maschinellen Instrumentenaufbereitung							
Produkte	Sekumatic FD	Sekumatic FR	Sekumatic FRE	Sekumatic FNP	Sekumatic FNZ	Sekumatic FK	Sekumatic FKN	Sekumatic PR
Antimikrobielle Wirkstoffe								
Formaldehyd								
Glyoxal								
Glutaraldehyd	20							
o-Phenylphenol								
p-Chlor-m-kresol								
Ethanol								
Isopropanol								
n-Propanol								
Benzylalkohol								
Quartäre Ammonium-verbindungen								
Chlorhexidin								
Oligodi(iminoimidocarbonyl)-hexamethylen								
Perborat								
Peressigsäure								
Wasserstoffperoxid								
Natriumhypochloritlösung								
Tetraacetylglykoluril								
Kaliumhydroxid								
Propylenglykol								
Tributylzinnbenzoat								
5-Brom-5-nitro-1,3-dioxacyclohexan								

Instrumentenaufbereitung, für Hände und Haut

Hände- und Hautdesinfektionsmittel					Desinfektionsmittel zur Fußpilzprophylaxe			Wasch- und Pflegelotionen				Desinfektionsmittel für Hämodialysegeräte		
Sekumatic PRE	Sekumatic IS	Spitaderm	Spitacid	Silnet	Incidin M-Spray Extra	Incidin GG 4 Extra	Laudamonium	Forlan	Manipur	Manisoft	Seraman medical	Silonda	Maranon H	Peresal
						2								
			46	46										
		70	27	27	73,05									
			1											
							10							
		0,5												
														4
		0,45												26
													35	
					0,008	0,75								

47

Verwendungsziel von Desinfektionsmitteln ist die Abtötung bzw. irreversible Schädigung von krankheitserregenden Keimen an kontaminierten Objekten. Angestrebter Nutzen ist die Verhinderung von Infektionen und die Unterbrechung von Infektionsketten zum Schutz von Menschen, Tieren und Pflanzen.

Das Krankenhaus kann auf den Einsatz von Desinfektionsmitteln nicht verzichten, die Folgen einer solchen Entscheidung wären unverantwortlich.

Durch eine Verbesserung der Hygiene wäre nach internationalen Schätzungen von Hygienikern eine Reduzierung der Sekundärinfektionen von 30–40% erreichbar. Eine Belastung der Umwelt ist durch den vernünftigen Umgang mit Desinfektionsmitteln vermeidbar. Wichtig ist ein geplanter und gezielter Einsatz im Rahmen einer Hygienehierarchie im Krankenhaus.

Die Umweltverträglichkeit der für die Desinfektionswirkung verantwortlichen Wirkstoffe ist sehr unterschiedlich. Die überwiegend auf Alkohol basierenden Haut- und Händedesinfektionsmittel sind ökologisch ohne besondere Relevanz.

Die Gruppe der Aldehyde kann aufgrund ihrer Flüchtigkeit bei den Anwendern zu Schleimhautreizungen führen. Abwasserbelastung und Klärschlammtoxität sind aber wegen der hohen Verdünnung der Gebrauchslösungen nicht bekannt.

Die nachfolgende Auflistung zeigt die wichtigsten antimikrobiellen Stoffe und ihre Umweltverträglichkeit:[6]

Aldehyde

Die Gruppe der Aldehyde weist starke Unterschiede in der Toxizität auf. Glyoxal und Glutaraldehyd sind als mindergiftig zu bezeichnen. Bei wiederholtem Hautkontakt mit höheren Formaldehydkonzentrationen

---

[6] Quelle: Henkel GV, Düsseldorf.

besteht bei empfindlichen Personen die Möglichkeit einer Sensibilisierung. Die Haut stellt jedoch, soweit sie intakt und nicht gereizt ist, eine wirksame Barriere gegenüber niedrigeren Formaldehydkonzentrationen dar – wie sie in den Anwendungskonzentrationen der Desinfektionsmittel vorliegen –, so daß die Sensibilisierungsgefahr durch formaldehydhaltige Desinfektionsmittel gering ist. Trotzdem sollten für alle Desinfektionsmaßnahmen, bei welchen ein direkter Hautkontakt nicht ausgeschlossen ist, Schutzhandschuhe getragen werden (s. auch UVV Gesundheitsdienst § 7).

Bei flüchtigen Aldehyden wie Formaldehyd, aber auch Glutaraldehyd, spielt die Inhalationstoxizität ebenfalls eine Rolle. Formaldehyd reizt in geringen Konzentrationen die Schleimhäute der Augen und der Atemwege. Um daher die Raumluftkonzentration an flüchtigen Aldehyden möglichst niedrig zu halten, muß neben einer guten Belüftung der Räume auf die richtige Dosierung der Anwendungslösung und die ausgebrachte Produktmenge geachtet werden.

Aufgrund der starken Verdünnung im Abwasser liegen die Konzentrationen der Aldehyde unterhalb der für Kläranlagenbakterien toxischen Konzentration. In dieser niedrigen Konzentration sind die Aldehyde sehr gut biologisch abbaubar.

Phenolderivate

Die Phenolderivate besitzen eine gute bakterizide Wirkung, sind aber gegenüber Sporen und unbehüllten Viren unwirksam. Gegenüber fast allen anderen Wirkstoffen von Desinfektionsmitteln besitzen sie den Vorzug, durch Schmutz, insbesondere Eiweiß, verhältnismäßig wenig beeinflußt zu werden. Sie eignen sich daher besonders gut zur Sputum- und Stuhldesinfektion. Der Nachteil ist der stark haftende Geruch an der Haut bzw. an Oberflächen aus Kunststoff und Gummi.

Die akute Toxizität, d. h. der LD50-Wert der verschiedenen Phenolderivate, weist einen breiten Streubereich auf. Von einigen Phenolen ist bekannt, daß sie gut durch die Haut penetrieren. Die substituierten Phenole haben ein geringes Eindringvermögen. Im Vergleich zu den Aldehyden, die durch Oxidation schnell abgebaut werden, ist die biologische Abbaubarkeit nicht bei allen Phenolderivaten gegeben. Die hauptsächlich eingesetzten Wirkstoffe o-Phenylphenol und p-Chlor-m-kresol sind jedoch in Kläranlagen gut biologisch abbaubar.

Alkohole

Am wenigsten giftig sind Ethanol und Isopropanol. Diese geringe Toxizität ermöglicht es, die Alkohole, die nur in hoher Konzentration wirksam sind, als Hände- und Hautdesinfektionsmittel einzusetzen. Die MAK-Werte liegen ebenfalls hoch, so daß durch die Inhalation von alkoholhaltiger Luft keine Schäden zu erwarten sind.

Ethanol, Isopropanol und n-Propanol sind sehr gut biologisch abbaubar.

Quartäre Ammoniumverbindungen

Die quartären Ammoniumverbindungen (QAV) gehören zu der Klasse der Tenside. Insbesondere werden Benzylalkyldimethylammonium-chlorid und Dialkyldimethylammoniumchlorid eingesetzt. Die gute Haut- und Materialverträglichkeit sowie Geruchsneutralität sind bei diesen Wirkstoffen positiv zu betonen. Dagegen ist das Wirkungsspek-trum begrenzt. Quartäre Ammoniumverbindungen besitzen eine Wir-kungslücke gegenüber Tuberkuloseerregern, Sporen und vielen Viren und sind wenig wirksam gegenüber Pseudomonaden. Von Nachteil ist außerdem die Unverträglichkeit mit anionischen Tensiden sowie die Empfindlichkeit gegenüber den Härtebildnern des Wassers.

Die genannten gut wasserlöslichen quartären Ammoniumverbin-dungen werden in Kläranlagen gut biologisch abgebaut.

Biguanide

Die wichtigsten Vertreter dieser Substanzklasse sind Chlorhexidin und Oligodi(iminoimidocarbonyl)iminohexamethylen (ODICN).

Das Wirkungsspektrum ist mit dem der quartären Ammoniumverbin-dungen zu vergleichen. Ebenso sind die gute Haut- und Materialver-träglichkeit sowie der schwache Eigengeruch zu erwähnen. Die Bigu-anide sind aufgrund ihres pseudokationaktiven Charakters mit Anion-

tensiden unverträglich. Biguanide werden durch Adsorption an Klär-
schlamm aus dem Abwasser eliminiert.

Halogene

Von den Halogenen sind Chlor und Jod zu nennen. Die unangenehmen
Eigenschaften von Chlor wie Schleimhautreizung, Geruch und Korrosi-
vität sind bekannt. Trotz der ausgezeichneten Wirkung gegen Bakterien,
Pilze, Sporen und Viren haben chlorhaltige Desinfektionsmittel im
Humanbereich aus den oben genannten Gründen und wegen der
starken Chlorzehrung durch organische Substanzen keine große
Verwendung gefunden.

Chlor kann bei Reaktion mit organischen Stoffen als HOCl reagie-
rende Organochlorverbindungen bilden. Diese und Chlor unterliegen
den Genehmigungsvorschriften der Indirekteinleiterverordnungen der
jeweiligen Bundesländer.

Aktivsauerstoff

Desinfektionsmittel auf der Basis Aktivsauerstoff haben zwar z. Z. noch
eine geringe Bedeutung, können aber in der Zukunft wichtiger werden.
Es sind die flüssigen Wirkstoffe wie Wasserstoffperoxid und Peressig-
säure, die von den Pulvergemischen mit einem Sauerstoffträger, z. B.
Perborat oder Perkarbonat, und einem Aktivator zu unterscheiden sind.
Letztere reagieren erst in der Lösung miteinander, um Aktivsauerstoff,
d. h. mikrobizid wirksamen Sauerstoff, zu bilden. Als Aktivatoren werden
Tetraacetylglykoluril oder Tetraacetylethylendiamin eingesetzt.

Der Sauerstoff aus Wasserstoffperoxid ist bei Raumtemperatur für
die Flächen- und Instrumentendesinfektion nicht ausreichend wirksam. Dagegen findet Wasserstoffperoxid als Wundbehandlungsmittel
schon lange Anwendung. Aktivsauerstoff selbst ist geruchlos und
schnell wirksam. Peressigsäure dagegen, die ebenfalls eine kurze
Einwirkzeit und ein umfassendes Wirkungsspektrum aufweist, wird
wegen des stechenden Geruchs in vielen Fällen abgelehnt. Bei
Peressigsäure ist die lokale Reizwirkung zu beachten. Wasserstoffperoxid bzw. Substanzen mit gebundenem Wasserstoffperoxid wie

Natriumperborat besitzen eine geringe akute Toxizität und weisen eine gute Gewebeverträglichkeit auf. Die Aktivsauerstoffverbindungen sind im Abwasser nicht stabil. Die Zerfallsprodukte wie z. B. Essigsäure sind gut biologisch abbaubar.

● *Reinigungsmittel*

Art und Umfang

Die Haus- und Gebäudereinigung in Krankenhäusern wird zu ca. 70% von gewerblichen Gebäudereinigungsfirmen und zu ca. 30% von krankenhauseigenen Reinigungskräften durchgeführt. Trotz einer hochentwickelten Reinigungstechnik kann auf „Chemie" nicht verzichtet werden.

Von ca. 28 Reinigungsmittelherstellern wird ein äußerst umfangreiches Sortiment an Universal- und Spezialprodukten angeboten.

In der folgenden Betrachtung können deshalb nicht alle der ca. 30 Produkttypen, die der Markt bietet, bewertet werden.

Die Menge der von Krankenhäusern noch selbst eingekauften Produkte wird aufgrund der noch immer leicht steigenden Vergabe an professionelle Gebäudereiniger weiter fallen. Für 1990 ist mit 11 000–13 000 t bzw. mit ca. 25–30 Mio. DM zu rechnen.

Die im Krankenhaus benötigten Produkte sind nach folgenden Sortimentsbereichen zu gliedern:

	Ungefährer Anteil [%]
– *Universal- und Allzweckreiniger*	*27*
– *Fußbodenpfleger*	*18*
– *Fußbodenreiniger*	*11*
– *Desinfektionsreiniger*	*14*
– *Neutral- und Feinreiniger*	*8*
– *Sanitärreiniger*	*6*
– *Scheuermittel*	*5*
– *Spezialreiniger*	*11*

52

Die angebotenen Produkte sind überwiegend flüssige Lösungen, bestehend aus Alkalien, Tensiden, Säuren und Pflegemitteln in sehr divergierenden Wirkstoffkonzentrationen.

Umweltbelastungsrelevanz

Die von den Inhaltsstoffen ausgehende Umweltbelastung ist bei fachgemäßer Anwendung relativ gering.

Das von Herstellern zur Verfügung gestellte DIN-Sicherheitsdatenblatt gibt in der Regel pauschal eine Aussage zur biologischen Abbaubarkeit der Produkte. Weitergehend dazu bieten sog. ökologische Zertifikate zu den Produkten noch nähere Auskünfte, wie z. B. die Abbaubarkeit des gesamten Produktes, also eine ökologische Betrachtung aller in dem Produkt enthaltenen Inhaltsstoffe und nicht nur der Tenside.

Des weiteren besteht die Möglichkeit, mittels Anfrageformularen (s. Muster, S. 54) wie z. B. des Forschungs- und Prüfungsinstituts für Gebäudereinigungstechnik, Dettingen[7], Informationen über Inhaltsstoffe beim Hersteller einzuholen.

Die wichtigsten Bestandteile wie Tenside, Alkalien und Phosphate sind unter „Wasch- und Waschhilfsmittel" (S. 73–79) sowie „Desinfektionswirkstoffe" (S. 44–52) vorgestellt. Zu erwähnen sind noch:
Pflegestoffe wie Wachse,
Schutzstoffe wie Polymerdispersionen,
Säuren wie Phosphorsäure, Amidosulfonsäure, Zitronensäure u. a.

---

[7] FIGR Forschungs- und Prüfinstitut für Gebäudereinigungstechnik, 7433 Dettingen.

Anfrage nach Inhaltsstoffen beim Hersteller

Produktname:
Hersteller:
Anwendungsbereich:
Mehrwegverpackung: ja/nein

Inhaltsstoffe (Zutreffendes bitte ankreuzen)	< 1%	1–5%	5–30%	über 30%
Tenside				
anionische Tenside				
– davon Seifen				
kationische Tenside				
nichtionische Tenside				
– davon APEO				
amphotere Tenside				
Lösemittel				
– wasserlöslich				
– wasserunlöslich				
– aliphatisch				
– aromatisch				
– halogeniert				
Gerüststoffe				
– Phosphate				
– EDTA				
– NTA				
– Zeolith				
– andere				
Säuren				
– anorganische Säuren				
– davon Phosphorsäure				
– davon Salzsäure				
– davon Salpetersäure				
– davon Amidosulfonsäure				
– organische Säuren				
Alkalien/alkalische Salze				
– davon schwer flüchtig				
– davon leicht flüchtig				
Bleichmittel				
– davon Aktivchlorverbindungen				
– davon Sauerstoffabspalter				
Treibgase				
– davon FCKW-/CKW-haltige				
– davon andere				
Weitere Inhaltsstoffe				
desinfizierend wirkende Substanzen				
– davon Formaldehyd				
Pflegekomponenten				
Abrasivstoffe				
Lösevermittler				
Duftstoffe				
Farbstoffe				
Konservierungsmittel				
– davon Formaldehyd bzw. Formaldehydabspalter				
optische Aufheller				
p-Dichlorbenzol				
Wasser				

Datum und Unterschrift   Firmenstempel

Nicht so problemlos sind die anfallenden Leergebinde: Bei ihrer Herstellung werden wertvolle natürliche Rohstoffe (Erdöl) verbraucht.

Was die Entsorgung betrifft, so stellt sich die Verbrennung von auf Polyethylen basierenden Kunststoffen als wenig umweltbelastend dar, denn hier entstehen keine nennenswerten Emissionen und die Energie ist in Form von Verbrennungswärme nutzbar. Aufgrund der knappen Kapazitäten ist eine Verbrennung jedoch nicht in jedem Falle möglich. Es bleibt dann nur die Möglichkeit, die Leergebinde auf Deponien endzulagern. Zur Reduzierung von Verpackungsmaterialien bieten einige Hersteller hochkonzentrierte Produkte an. Diese sollten jedoch mit Zwangsdosierern versehen sein, um eine exakte bedarfs- und umweltgerechte Dosierung zu garantieren. Unter dieser Voraussetzung sind Konzentrate zu begrüßen, da hier neben dem geringeren Verpackungsabfall (bis zu 70%) auch der geringere Ressourcenverbrauch bei der Herstellung positiv zu Buche schlägt.

Ein weiterer kritischer Punkt sind die Restmengen, die sich noch in den Gebinden befinden und beim Deponieren eine Gefahr für das Grundwasser darstellen können.

- *Fotochemikalien und Altfilme*

Art und Umfang

In den Röntgenabteilungen der Krankenhäuser werden wie in anderen Fotolabors Filme, Entwickler- und Fixierlösungen benötigt. Über den Umfang der benötigten Produkte liegen keine veröffentlichten Zahlen vor.

Schätzungen gehen von ca. 250000 l aus.

Umweltbelastungsrelevanz

Gebrauchte (gesättigte) Fixierbänder und Entwicklerlösungen enthalten Reste von Natrium- oder Ammoniumthiosulfat, Silbersalzen sowie eingeschleppte Verunreinigungen wie z. B. Hydrochinon, Aminophenol, Gelatine usw.

Sie wurden lange Zeit als Sondermüll entsorgt. Inzwischen hat sich
aber die umweltfreundlichere Lösung einer Aufbereitung der gebrauchten Lösungen durchgesetzt. Zwei Methoden stehen dabei zur Auswahl:
- die Inanspruchnahme eines Recyclingunternehmens,
- der Betrieb einer eigenen Recyclinganlage.

Auch Altfilme werden von den Recyclingfirmen zur Rückgewinnung des
Silbers angenommen und umweltverträglich entsorgt.

● *Geschirrspülmittel für die maschinelle Reinigung*

Art und Umfang

Zur Speiseversorgung von ca. 13 Mio. Patienten und Mitarbeitern
werden in den Krankenhäusern jährlich für ca. 1,8 Mrd. DM Lebensmittel benötigt.

Zwangsläufig Folge dieser gastronomischen Großleistung ist ein
entsprechendes Spülaufkommen. Im Gegensatz zur Hausreinigung
und Wäschehygiene liegt die Geschirreinigung noch zu ca. 95 % in
direkter Verantwortung der Krankenhausküche. Nur wenige Häuser
haben den „Spüldienst" an externe Dienstleister vergeben.

Zur Sicherung der Geschirrhygiene hat die Industrie ein umfangreiches Sortiment an Spezialprodukten zur Reinigung und Desinfektion
der Geschirrteile in Maschinen entwickelt. Der Produktverbrauch in den
Krankenhäusern wird auf 7500–8000 t/Jahr mit einem Wert von 27–
30 Mio. DM geschätzt.

Die zur Reinigung und Desinfektion erforderlichen Produkte sind:
- alkalische Reiniger für den Einsatz in Spülmaschinen (mit und ohne
  begutachteter Desinfektionsleistung),
- neutrale/saure Klarspüler,
- Desinfektionsreiniger für Flächen und Geräte,
- Spezialreiniger für die Tauch- und Besteckreinigung.

Weitere sogenannte Serviceprodukte sind:
- Entkalker, Entkruster und Edelstahlpfleger.

Die Geschirreiniger werden als Pulver und in flüssiger Form angeboten,
die Klarspüler gibt es nur als Flüssigkeiten.

Umweltbelastungsrelevanz

Hauptsächliche Inhaltsstoffe der gewerblichen Maschinenspülmittel
sind alkalische Salze, wie Natriumkarbonat und Natriummetasilikat in
den Pulvern sowie Kali- oder Natronlauge in den Flüssigreinigern.
Darüber hinaus enthalten diese Reiniger Komplexbildner wie z. B.
Phosphate oder in Kläranlagen eliminierbare Polymere.

Die Klarspüler enthalten fast immer nichtionische Tenside sowie
organische Säuren. Diese Substanzen wurden unter „Wasch- und
Waschhilfsmittel" (S. 73–79) schon ausführlich beschrieben.

Als desinfizierende und/oder bleichende Komponente sind in den
Reinigern chlor- oder sauerstoffabspaltende Verbindungen enthalten.

Bei fachgerechtem Einsatz, z. B. Dosierung über eine Leitwertsteue-
rung, werden Überdosierungen vermieden.

● *Kunststoffprodukte*

Art und Umfang

Kunststoff oder Plaste (Plastik) ist die verallgemeinerte Bezeichnung für
makromolekulare organische Verbindungen, die durch chemische
Abwandlung von Naturstoffen oder durch chemische Synthese aus
verschiedenen Grundstoffen gewonnen werden.

Entwicklung und Einsatz der Kunststoffe begann 1859 in England mit
- Vulkanfiber, danach folgten
- Celluloid 1869,
- Kunsthorn 1923,
- Phenol/Aminoplaste 1923,
- Polystyrol 1930,
- Acrylglas 1933,
- Polyvinylchlorid 1938,
- Polyamid 1938,

- Hochdruckpolyethylen 1939,
- Polyurethane 1940,
- Polytetrafluorethylen 1941,
- Polyester 1941,
- Silikone 1943,
- Epoxidharzsysteme 1946,
- Niederdruckpolyethylen 1955,
- Polykarbonat 1956,
- Polypropylen 1957,
- Polyacetal 1958.

Die Kunststoffe haben, wie aus der Entwicklungsgeschichte zu ersehen ist, eine lange und erfolgreiche Karriere bis zu ihrer heutigen Position hinter sich. Sie sind für den erreichten technologischen Stand und Lebensstandard unverzichtbar.

Die Bundesrepublik Deutschland produzierte 1989 ca. 9 Mio. Tonnen im Wert von 48,4 Mrd. DM[8] bei einem Verbrauch von ca. 7–8 Mio. Tonnen. Nur ca. 3,3% der Kunststoffe werden rezykliert.

Etwa 22–23% des Kunststoffes wird zur Verpackungsmittelherstellung verwendet. Im Krankenhaus werden Kunststoffe in praktisch allen Bereichen benötigt und verbraucht.

Die hauptsächlichen Einsatzbereiche sind

- Diagnostik und Therapie:
  Abdecktücher, plastifiziert,
  Absaugschläuche,
  Adapter für Beatmungsgeräte,
  Angiographiekatheter,
  Beatmungsschläuche,
  Einmalscheren,
  Endotrachealtuben,
  Führungsdrähte,
  Infusionsgebinde, Injektionsgebinde,
  Inhalationszubehör,
  Katheter, Klemmen,

---

[8] Gesamtverband Kunststoff verarbeitende Industrie, Frankfurt 1990.

58

Magensondenspritzen, Monovetten,
Nierenschalen,
Pinzetten, Pipetten, Röhrchen,
Sauerstoffmasken und -zuleitungen,
Schuhbezüge, Spritzen,
Thoraxdrainagen,
Untersuchungshandschuhe;

- Unterbringung und Versorgung:
  Kanister, Eimer, Flaschen,
  Trinkgefäße, Beilageschalen, Yoghurtbecher;

- Verpackung und Transport:
  Plastiksäcke, Abfallsammelgefäße,
  Portionsverpackungen (Milch, Butter, Käse, Marmelade).

Die im Krankenhaus vorkommenden wichtigsten Kunststoffe, ihre Handelsnamen und Verwendungszwecke sind:

Chemische Bezeichnung	Einige Handelsnamen	Verwendungszweck
Polyethylen (Hoch- und Niederdruckpolyethylen)	Hostalen, Lupolen, Vestolen	Kanister, Folien, Rohre, Spritzen, Beschichtungen
Polystyrol	Hostyren, Vestyron	Verpackungen, Yoghurtbecher, Spielzeug, Schaumstoffe
Polyvinylchlorid	Hostalit, Vestolit, Vinnol	Bodenbeläge, Flaschen, Katheter, Op.-Sauger, Untersuchungshandschuhe
Polytetrafluorethylen	Teflon, Hostaflon, Goretex	Beschichtungen, Isolierungen, Dichtungen, Op.-Abdecktücher
Polypropylen	Novelen, Westolen, Hostalen	Flaschen, Spritzen

Ausgangsmaterial für Kunststofferzeugnisse sind Rohstoffe wie Zellulose, Kohle, Erdgas und Erdöl (Abb. 2 und 3).

Die im Krankenhaus interessierenden Kunststoffprodukte basieren auf Rohöl, das durch Destillation, Spaltung und Polymerisation weiterverarbeitet wird. Nachfolgend ist dieser Prozeß beispielhaft dargestellt.

Erdöl ist ein unersetzliches Ausgangsprodukt.

Der sparsame Umgang mit diesem Gut und seinen Folgeprodukten ist ein Muß für alle Verwender.

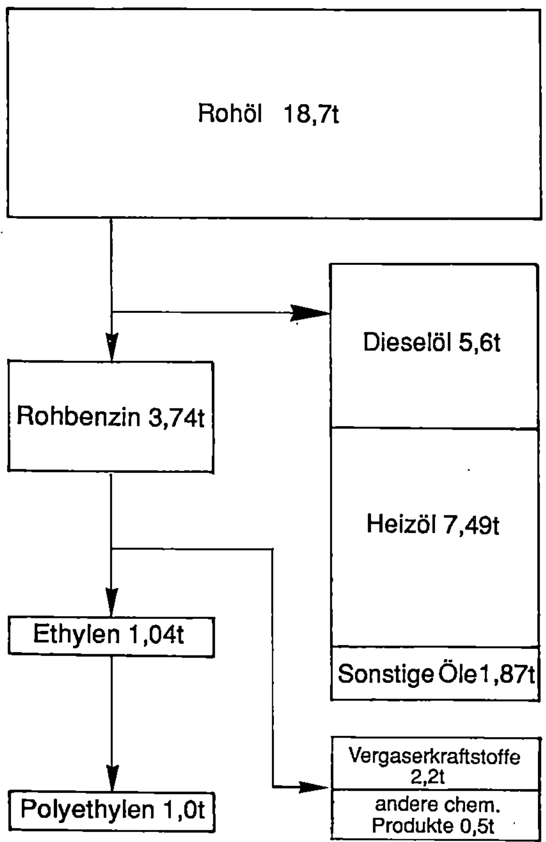

Abb. 2. Produkte, die aus Erdöl gewonnen werden. (Aus: Arbeitsgemeinschaft Deutsche Kunststoff-Industrie (Hrsg) (1988) Kunststoffe, Werkstoffe unserer Zeit, 3. überarbeitete Aufl. Frankfurt am Main)

Neben dem Verbrauch natürlicher Ressourcen ist der Herstellungsprozeß von Kunststoffen von der Rohölgewinnung bis zum fertigen Produkt nicht ohne Umweltbelastungsrisiko.

Eine Umweltgefährdung durch Emissionen kann auftreten bei der

- Gewinnung – durch Gewässer- und Bodenverschmutzung,
- Verarbeitung – durch Luft-, Wasser- und Bodenbelastung,
- Weiterverarbeitung und Veredlung – durch Immissionen am Arbeitsplatz,
- Entsorgung bzw. Endbeseitigung,
- Lagerung und Verbrennung.

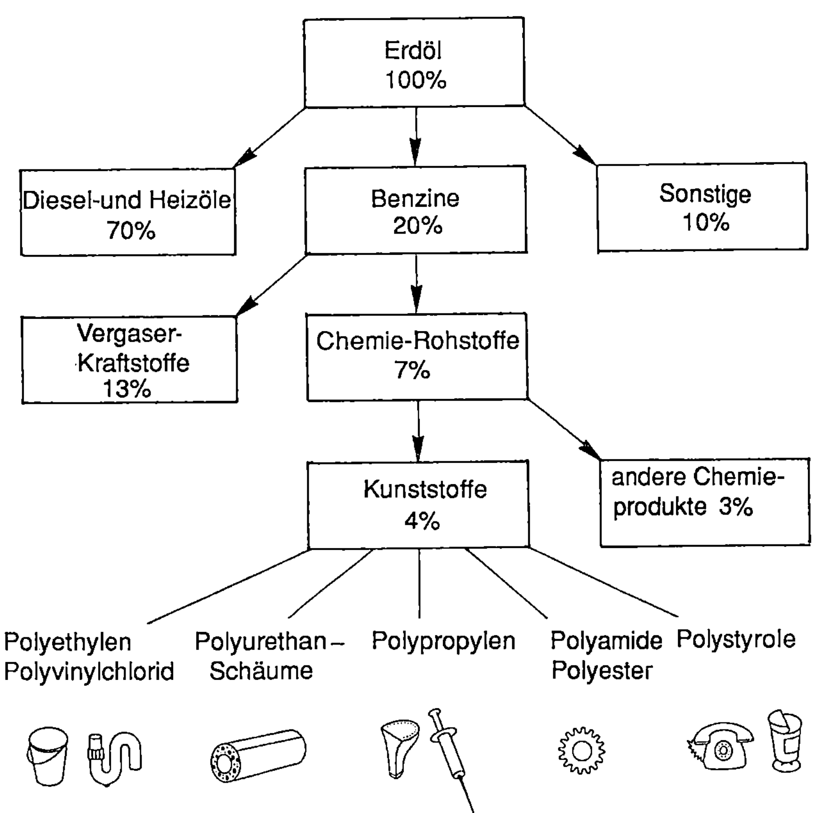

Abb. 3. Vom Erdöl zum Kunststoff. (Aus: Arbeitsgemeinschaft Deutsche Kunststoff-Industrie (Hrsg) (1988) Kunststoffe, Werkstoffe unserer Zeit, 3. überarbeitete Aufl. Frankfurt am Main)

Als ein besonders risikoreiches Produkt hat sich der Kunststoff Polyvinylchlorid (PVC) erwiesen. Seine Herstellung wie auch Entsorgung ist ohne weitreichende Sicherheitsmaßnahmen nicht durchzuführen.

● *Laborchemikalien*

Art und Umfang

Etwa 45000 verschiedene chemische Stoffe werden in Produktion und Forschung eingesetzt. Wieviele davon zu einer Belastung der Umwelt beitragen, ist nicht bekannt. Folgende Übersicht zeigt ihre Auswirkungen:[9]

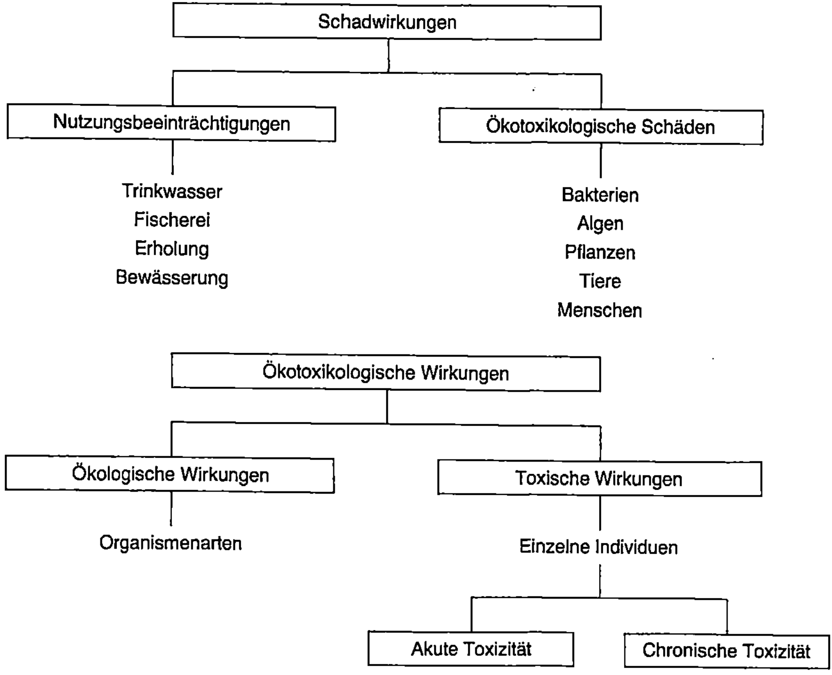

Auch in Krankenhauslabors werden eine Vielzahl von anorganischen und organischen Verbindungen als Reagenzien und Lösungsmittel benötigt. Genaue Angaben über den Verbrauch liegen nicht vor.

---

[9] Dinkloh L (1983) Vortragstagung der GDCh-Fachgruppe Waschmittelchemie 25.-27. 04. 1983 in Konstanz.

Die in den Laboratorien anfallenden Altchemikalien und -reagenzien
fallen unter den Sammelbegriff „chemische Sonderabfälle". Ihre Erfassung muß nach vorgegebenen Kategorien und der Transport in dafür
vorgesehenen Behältnissen (Baumustergeprüfte Behälter) erfolgen.

Das Gesetz schreibt dafür folgende Systematik nach Abfall-Schlüs-
sel-Nummern (Abf.Schl.Nr.) vor:

- Lösungsmittelgemische – halogenfrei:
  Abf.Schl.Nr. 55370;
- Lösungsmittelgemische – halogenhaltig:
  Abf.Schl.Nr. 55220;
- Formalinlösung fällt unter die Sparte
  Lösungsmittel – halogenfrei:
  Abf.Schl.Nr. 55370;
- Säurengemische:
  Abf.Schl.Nr. 52102;
- Laugengemische:
  Abf.Schl.Nr. 52402;
- Chromschwefelsäure:
  Abf.Schl.Nr. 52105
- osmiumsalzhaltige Lösungen:
  Abf.Schl.Nr. – konzentrationsabhängig,
  Abf.Schl.Nr. 52716: Konzentrate, metallsalzhaltig,
  Abf.Schl.Nr. 52719: Halbkonzentrate, metallsalzhaltig,
  Abf.Schl.Nr. 52720: Spül- und Waschwässer, metallsalzhaltig;
- Coulter-Counter-Abfälle:
  Abf.Schl.Nr. 52720: Spül- und Waschwässer, metallsalzhaltig;
- Laborchemikalienreste – feste Stoffe:
  Abf.Schl.Nr. 59301: Feinchemikalien;
- metallisches Quecksilber:
  Abf.Schl.Nr. 35326: Quecksilber, quecksilberhaltige Rückstände.

Neben der Entsorgung als Sondermüll können viele Abfallsorten in den
Labors durch chemische Umwandlung und Neutralisation unschädlich

gemacht und in die örtliche Kanalisation eingeleitet werden – eine Methode, die viel Sachkenntnis verlangt und bei der die jeweiligen Landesrichtlinien für die Einleitung in öffentliche Abwasseranlagen (Richtlinien für Indirekteinleiter) beachtet werden müssen.

● *Medikamente*

Art und Umfang

Für 1987 wurde von der Deutschen Krankenhausgesellschaft ein Arzneimittelverbrauch von 13,30 DM pro Berechnungstag ermittelt.

Ausgehend von diesem Wert ist für 1990 mit ca. 3 Mrd. DM für Medikamente zu rechnen. Ca. 55 % der Produkte werden in Form von Tabletten und Dragees verabreicht.

Umweltbelastungsrelevanz

Es ist davon auszugehen, daß der größte Teil der Medikamente im Krankenhaus verbraucht wird. Die anfallenden Verpackungsabfälle sind, was die Menge anbelangt, ohne große Bedeutung, und auch die Packmittel, überwiegend Papier und Polystyrol, verursachen keine Entsorgungsschwierigkeiten. Ein unbekanntes Risiko bringt die Endbeseitigung der Altmedikamente mit sich, weil

- die Menge der Altmedikamente, die es zu beseitigen gilt, steigt,
- mit der Mengensteigerung auch die Vielzahl der unsortierten Wirkstoffe zunimmt und
- es noch keine exakten Vorschriften für die ordnungsgemäße Verbrennung (Temperatur, Zeit, Filtertechnik, Emissionen u. a. m) gibt.

Hier sind die Hersteller gefordert, entweder die Altmedikamente zurückzunehmen, was sicher die beste Lösung wäre, oder aber auf der Packung Hinweise für eine produktgerechte Vernichtung zu geben.

64

- *Nahrungsmittel*

Art und Umfang

Der gastronomische Teil der Krankenhäuser benötigt für die Versorgung von fast 13 Mio. stationären Patienten und ca. 1 Mio. eigenen und fremden Mitarbeitern Nahrungsmittel im Wert von ca. 1,9–2 Mrd. DM im Jahr.

Die Struktur der verbrauchten Nahrungsmittel ist weitgehend mit der der privaten Haushalte identisch. Gewisse Abweichungen gibt es nur bei den Packungsgrößen und im Verwendungsumfang sog. Portionspackungen, d. h. vorportionierte Nahrungsmittel wie Kaffeesahne, Butter, Brotbelag und Dessert.

Umweltrelevanz

In bezug auf die verwendeten Nahrungsmittel gibt es keine krankenhausspezifischen Umweltbelastungsprobleme. Die sich bietenden Chancen für ein aktives Umweltschutzverhalten sind die gleichen, die auch der private Endverbraucher hat, nämlich die Verwendung von Produkten aus ökologischem Anbau.

Eine repräsentative Befragung des Sample-Instituts ergab, daß 84 % der haushaltsführenden Personen über 14 Jahre alternativ erzeugtes Obst und Gemüse für gesünder als konventionell angebaute Produkte halten.

Ob diese gesundheitsfördernde Wirkung von Produkten aus ökologischem Anbau wirklich vorhanden ist, ist nicht Gegenstand dieser Betrachtung.

Zum Thema Umweltschutz gilt es aber festzuhalten, daß nach einer Untersuchung in der Schweiz 61 % des untersuchten Obstes und Gemüses aus konventionellem Anbau und nur 3 % aus biologischem Anbau Pestizidrückstände enthielt.

In derselben Untersuchung wurde zudem ermittelt, daß bei 6,2 % der Pflanzen aus konventionellem Anbau der Nitratgehalt über der gesetzlich zugelassenen Höchstmenge lag.

Es ist leicht vorstellbar, daß die Erzeugung von Nahrungsmitteln mit Nitrat- und Pestizidrückständen nicht ohne Belastung der Umwelt (Grundwasser und Boden) abgeht.

Eine weitere, sehr viel spezifischere Umweltbelastung geht von der Verwendung der schon erwähnten Portionspackungen aus. Für die sehr rationelle und hygienische Darreichung von Joghurt, Milch, Butter, Honig usw. in Portionspackungen werden große Mengen an Kunststoff und Aluminium verbraucht, was wiederum zu einer Vermehrung der Abfälle führt.

● *Schreib- und Hygienepapiere*

Art und Umfang

Der Verbrauch von Papier ist weltweit steigend, auch in der Bundesrepublik Deutschland, die mit einem Verbrauch von ca. 11,7 Mio. Tonnen für 1987 eine Spitzenposition, gemessen an der Bevölkerungszahl, in der Rangreihe der Länder einnimmt.

Über den Verbrauch in den Krankenhäusern gibt es keine gesicherten Angaben. Eigene Berechnungen ergaben einen Wert von ca. 65 Mio. DM für Büropapiere und ca. 30 Mio. DM für Hygienepapiere.

Umweltrelevanz

Die Ökobilanz des Produkts „Papier" zeigt 2 Gesichter: großer Verbrauch natürlicher Ressourcen wie Holz und Wasser und eine Umweltgefährdung in den Produktionsstufen Gewinnung und Stoffveränderung, aber praktisch keine Belastung bei der Verwendung.

Die Entsorgung in Form von Deponierung/Verrottung ist problemlos, bei der Verbrennung entsteht aber Kohlendioxid (Treibhauseffekt!).

Die von der Papierherstellung ausgehenden Umweltbelastungen zeigt Tabelle 2.

Die Mehrzahl der Papierfabriken hat ihren Wasserkreislauf zu 80–95% geschlossen. Der Frischwasserverbrauch pro Kilogramm Fertig-

Tabelle 2. Umweltbelastungen bei der Papierherstellung einschließlich Faserstofferzeugung

	Frischwasser- verbrauch $[m^3/t]$	Abwasser- belastung $[kg\ CSB/t]$	Energie- verbrauch[c] $[kWh/t]$
Zellstoff	115	70[a]	7300
Holzstoff	16	5[b]	4300
Altpapier	16	6[b]	1300

[a] Abwasserwerte entsprechend dem Stand der Technik (vorgesehen für den Entwurf der Novelle der 19. Abwasser VwV).

[b] Abwasserwerte entsprechend dem Stand der Abwasserreinigung gemäß 19. Abwasser VwV vom 15. 01. 1982.

[c] Zuzüglich 2300 kWh/t durch die Papierherstellung aus den Papierrohstoffen.

produkt liegt zwischen 20 und 30 l gegenüber einem früheren Verbrauch von über 100 l.

Der Verbrauchsvergleich zeigt sehr überzeugend die relative Umweltentlastung, die die Papierherstellung aus Altpapier bringt.

Jede Verwendung von Recyclingpapier ist damit ein aktiver Beitrag zum Umweltschutz. Bedenken, daß die Alterungsbeständigkeit von Recyclingpapier nicht ausreichend ist, entbehren der Grundlage. Eine Prüfung der Bundesanstalt für Materialforschung und -prüfung (BAM) von 9/86 – Aktenzeichen 3.3/7653/88 – ergab eine Haltbarkeit von bis zu 30 Jahren.

● *Quecksilberhaltige Artikel und Leuchtstoffröhren*

Art und Umfang

In der BRD werden jährlich ca. 60 Mio. Leuchtstofflampen gebraucht. Der Krankenhausbedarf an Leuchtstoffröhren und Metallhalogenlampen ist nicht bekannt, er liegt aber sicher bei mehreren Millionen.

Bei Fieberthermometern liegen die Schätzungen bei 11–12 Mio. Stück pro Jahr für die Krankenhäuser.

Umweltbelastungsrelevanz

Verglichen mit einfachen Glühbirnen ist die Leuchtstoffröhre wegen ihres geringeren Energiebedarfs der umweltverträglichere Beleuchtungskörper. Ihr Gehalt an Quecksilber und die verwendeten PCB-haltigen Kondensatoren sind bei einer unsachgemäßen Entsorgung eine Gefahrenquelle für unsere Umwelt.

Das gleiche gilt für quecksilberhaltige Fieberthermometer und Speziallampen, von denen beim Zerbrechen unmittelbar eine Gefahr für die Umwelt ausgeht.

● *Einmalartikel*

Art und Umfang

Die Verwendung von Zell- und Vliesstoffen im Krankenhaus begann vor ca. 18 Jahren – zuerst in Form von Unter- und Vorlagen zur Aufnahme von Flüssigkeit bei Inkontinenz, dann in der Ambulanz in Form von Abdecklaken für die Untersuchungsliege. Heute werden komplette Schutzkleidungs- und Abdecksysteme aus textilähnlichem Einmalmaterial in immer noch steigendem Umfang eingesetzt.

Dies ist eine verständliche Entwicklung, wenn man die Vorteile sieht, die diese Produkte im Vergleich zu herkömmlichen Textilien den Krankenhäusern brachten, so z. B.
- mehr hygienische Sicherheit,
- einfache Handhabung und
- gute Verfügbarkeit.

In immer mehr Anwendungsbereichen, die zuvor von regenerierbaren Textilien besetzt waren, werden nun Zell- oder Vliesstoffeinmalprodukte verwendet. Die Kehrseite dieser Hinwendung zur „Wegwerfgesellschaft" ist natürlich auch erkennbar: eine Zunahme der Abfälle und die daraus resultierenden Entsorgungsprobleme. Eine weitere Folge ist, daß mit der Herstellung dieser Produkte ein großer Wasserverbrauch und eine beachtliche Abwasserbelastung einhergeht.

Tabelle 3 (S. 70) zeigt die Umweltbelastungen bei der Herstellung von Sulfatzellstoff, CTMP-Material und der Mischung dieser Materialien.

Die sich abzeichnende Abkehr weg von der Wegwerfgesellschaft hin zur Reparatur- und Regeneriergesellschaft wird auch im Krankenhaus zu einer Verbrauchsveränderung führen, zumal Hersteller von Textilien und Textilreinigungsbetriebe ihre Chance erkannt haben und umweltverträglichere Produkte bei gleichzeitiger Erfüllung der Anforderungen in den Krankenhäusern anbieten.

Moderne mehrschichtige Textilien, wie z. B. „Goretex", erfüllen die Forderungen der Ökologen nach Regenerierbarkeit bei gleichzeitiger Einhaltung eines hohen Hygienesicherheitsstandards.

Auch die Hersteller von Zellstoffen haben die Umweltschutzherausforderung angenommen und suchen nach neuen Herstellungsverfahren, die eine geringere Umweltbelastung versprechen. Ein erfolgreich abgeschlossenes, vom Bundesministerium für Forschung und Technologie (BMFT) gefördertes Forschungsprojekt eröffnet Möglichkeiten, Zellstoff absolut schwefelfrei bei einer weitestgehenden Verwertung des Rohstoffs Holz herzustellen.

Tabelle 3. Umweltbelastungen bei der Herstellung von Sulfatzellstoff, CTMP-Material und der Mischungen dieser Materialien. (Nach Brune u. Krauch 1989)

	1000 kg Sulfatzellstoff	1000 kg CTMP-Material	50 % Sulfatzellstoff/ 50 % CTMP-Material
Rohmaterialverbrauch	2000	1100	1550
Energieverbrauch:			
Öl (GJ)	–	2	1
Strom (MWh)	0,05	2,5	1,3
Gesamtprimärenergie-verbrauch (GJ)	0,5	30	16
Hilfsstoffe:			
Kochchemikalien (kg)	ca. 30	30–60	30–45
Bleichchemikalien (kg)	–	20–35	–
Luftbelastung:			
SO_2 aus der Energieerzeugung (kg)[a]	0,05	2,5	1,3
SO_2 aus der Laugen-verbrennung (kg)	19–23	–	9–12
Cl_2 (kg)	0,2	–	0,1
H_2S (kg)	0,3	–	0,15
Staub (kg)	1,4	–	0,7
Wasserbelastung:			
Abwassermenge (m^3)	20–80	10	25–35
BSB_5 (kg)	10–20	30–40	20–35
CSB (kg)	40–80	60–80	50–80
Schwefel (kg)	–	1– 3	1– 2
H_2O_2 (kg)	–	1– 5	1– 3
AOX (kg)	1–10	–	1– 5

[a] Der Emissionsfaktor wurde den Vorschriften der GAVO gemäß zu 1 kg SO_2 pro MWh berechnet.
[b] Emissionsfaktor 1,7 kg SO_2/GJ.

● *Verbandstoffe*

Art und Umgang

Der Beschaffungswert der in den Krankenhäusern pro Jahr verbrauchten Verbandstoffe beträgt 390–400 Mio. DM.

Die zur Anwendung kommenden Verbandstoffe unterteilt man grob in folgende Kategorien:
- Wundauflagen/Saugkörper,
- Fixationsverbände,
- Kompressionsverbände,
- Stütz- und Starrverbände,
- Spezialverbandstoffe.

Im allgemeinen sind die Zwischenprodukte dazu Gewebe, Gewirke, Watten, Vliesstoffe („nonwovens") und Fluff (Pulp) oder Kombinationen daraus.

Diese Zwischenprodukte werden nach ihrem Verwendungszweck aus unterschiedlichen Rohmaterialien hergestellt. Die wichtigsten zeigt Tabelle 4.

Tabelle 4. Verarbeitung von Rohmaterial zu Zwischenprodukten bei der Verbandstoffherstellung

Rohmaterial	Zwischenprodukte				
	Gewebe	Gewirke	Watte	Vlies	Fluff
a) Zellulosefasern					
Baumwolle	X	X	X	X	—
Zellwolle (Viskose)	X	X	X	X	—
Zellstoff	—	—	—	X	X
b) Synthetische Fasern					
(Polyamid, Polyester, Polyprophylen, Polyethylen)	X	X	—	X	—

Baumwolle

Baumwolle ist eine pflanzliche Zellulosefaser, die im subtropischen Gürtel wächst. Die natürliche Faser ist nicht saugfähig und muß in einem sog. Beuch- und Bleichprozeß von natürlichen Fetten und Wachsen und anderen, meist leicht gefärbten Begleitstoffen befreit werden. Dadurch wird die Faser saugfähig (hydrophil) und schön weiß.

In modernen Baumwollbleichereien wird dazu ein mildes Bleichverfahren eingesetzt, das mit geringen Mengen an Wasserstoffperoxid, Natronlauge und Tensiden auskommt.

Die Abwasserbelastung darf hier als relativ gering bezeichnet werden, da nach der Neutralisation der Abwässer nebst Tensideresten nur wenig Salz anfallen. (Das Peroxid zerfällt in Wasser und Sauerstoff.) Für die Beseitigung von gebrauchten Verbandstoffen drängt sich, nicht zuletzt aus mikrobiologischen Gründen, eine Verbrennung auf. Die gesamt Ökobilanz von Baumwolle (Herstellung, Veredlung, Beseitigung) darf als günstig angesehen werden. Neben der erwähnten Abwasserbelastung ergibt sich eine mäßige Luftbelastung durch das bei der Verbrennung entstehende Kohlendioxid.

Zellwolle, Zellstoffe

Beide Produkte werden aus Holzzellulose hergestellt. Diese wiederum stellt eine beträchtliche Umweltbelastung durch die Sulfit- oder Sulfatablaugen beim Holzaufschluß dar.

Für die Beseitigung der gebrauchten Verbandstoffe aus Zellwolle und Zellstoff gilt dasselbe wie bei der Baumwolle: relativ geringe Belastung der Luft durch die Verbrennungsgase (Kohlendioxid).

Synthetische Fasern

Synthetische Fasern haben in der Regel eine günstige Ökobilanz.

Bei geringem Energiebedarf treten bei der Herstellung der Kunststoffe relativ geringe Umweltbelastungen auf. Auch bei der späteren

Beseitigung durch Verbrennung entstehen im wesentliche ebenfalls nur Wasser und das unvermeidliche Kohlendioxid, vorausgesetzt, es sind keine halogenierten Kohlenwasserstoffe wie PVC enthalten! PVC und verwandte Kunststoffe sollten, wenn immer möglich, durch nichthalogenierte Kunststoffe ersetzt werden. Am sichersten und am wenigsten belastend sind Polyethylen und Polypropylen. Bei den Polyamiden entstehen beim Verbrennungsprozeß zusätzlich Stickoxide.

Vorsicht ist auch bei den Polyestern geboten. Polyester ist ein schlecht definierter Sammelbegriff. Es gibt Polyester, die in ihrem Molekül irgendwo ein Halogen enthalten und somit bei der Verbrennung eine ähnliche Belastung darstellen können wie das PVC.

Polyethylen und Polypropylen haben zusätzlich den Vorteil, daß sie auch relativ leicht aus Kohle hergestellt werden können und somit nicht auf die wertvollere Ressource Rohöl angewiesen sind.

● *Waschmittel*

Art und Umfang

„Waschmittel" ist im allgemeinen Sprachgebrauch die Sammelbezeichnung für Produkte, die der Reinigung von Textilien dienen.

Fachkundige für Textilreinigung differenzieren darüber hinaus nach Verwendungszwecken verschiedene Produktkategorien und -typen.

Die für die Reinigung von Krankenhaustextilien verwendeten Waschmittel lassen sich wie folgt charakterisieren:

Waschmittel	*Waschhilfsmittel*
Voll- und Klarwaschmittel	*Schwerpunktverstärker*
(mit Bleichwirkung)	*Wäschedesinfektionsmittel*
Alleinwaschmittel	*Wäschefinish*
Vorwaschmittel	
Spezialwaschmittel	

Mit den hier aufgeführten Produktentypen werden je nach Wäscheart, Verschmutzung, Waschmaschinensystem, Wasserbeschaffenheit und Qualitätsanforderung Waschverfahren festgelegt, mit denen die in einem Krankenhaus anfallende Wäsche gewaschen und desinfiziert werden kann. Ein gutes Beispiel für den Umfang und die Art der Inhaltsstoffe geben nachfolgende Musterlisten.

Welche Wasch-, Hilfs- und Desinfektionsmittel in einem Krankenhaus eingesetzt werden, hängt von der Größe und der Patientenstruktur des Hauses ab. In der Regel sind dies 3–6 verschiedene Produkte.

Die häufigsten Produkttypen sind:
- Hygienevollwaschmittel,
- Alleinwaschmittel,
- Spezialwaschmittel,
- Wäschedesinfektions- und -bleichmittel,
- Wäschefinishprodukte.

Umweltbelastungsrelevanz

Wie der vorhergegangenen Übersicht zu entnehmen ist, finden ca. 30 verschiedene Substanzen für die Herstellung von Wasch- und Desinfektionsmitteln Verwendung. In bezug auf das zu behandelnde Problem der Umweltverträglichkeit sind aber nur wenige Stoffe von Bedeutung.

Zu nennen sind:[9]

Tenside

Tenside sind grenzflächenaktive Verbindungen und einer der wichtigsten Bestandteile eines Waschmittels. Ihre Waschwirkung beruht auf der Eigenschaft, die Oberflächenspannung des Wassers zu reduzieren. Es kommt dadurch zu einer intensiven Benetzung der Faser, wodurch der darauf haftende Schmutz abgehoben wird. Der abgelöste Schmutz wird von den Tensiden in Schwebe gehalten, zerkleinert (dispergiert) und emulgiert, d. h. wasserlöslich gemacht.

---

[9] Quelle: Henkel GV, Düsseldorf.

74

Deklarierte Inhaltsstoffe von Wasch- und Waschhilfsmitteln (Spezialwaschmittel, Schwerpunktverstärker, Wäschefinish)

Inhaltsstoffe	Spezialwaschmittel							Schwerpunktverstärker							Wäschefinish					
Produkte	Thiophan	Dixit	Usona	Fewon extra	Vatrol perfekt	Leggil super	Sikavit	Saptenol	Elpa Fettlöser	Sericol perfekt	Lavipol	Perox Nadelseife	Oxygenol	Oxygenol flüssig	Noxa	Saprit	Softenit	Bosit extra	Elpa weich	Optisit
Anionische Tenside	X	X	X	X	X	X		X	X				X							
Nichtionische Tenside (Niotenside)	X	X	X	X	X	X		X	X	X	X						X	X		X
Kationische Tenside																	X	X	X	
Seifen												X								
Phosphate	X	X	X	X		X	X					X								
Natriumaluminiumsilikat (Zeolith A, Sasil)	X				X															
Natriumpolykarboxylate																				
Natriumkarbonat (Soda)					X	X	X													
Silikate	X				X	X	X													
Ätzalkali							X													
Bleichmittel (Perborat)													X							
Wasserstoffperoxid														X						
TAED																				
Persäure																				
Organische Chlorträger																				
Stabilisatoren									X			X	X							
Enzyme	X																			
Korrosionsinhibitor		X	X	X																
Vergrauungsinhibitor/-schutz/Schmutzträger	X	X	X	X	X	X		X	X			X								
Optische Aufheller	X				X															
Schaumregulatoren																				
Duftstoffe/Parfümöle	X	X	X	X	X	X		X	X	X	X	X	X			X	X	X	X	X
Lösungsvermittler																	X	X		
Konservierungsmittel																			X	X
Säure																	X			
Antimikrobielle Wirkstoffe																				
Modifizierte natürliche Stärke															X					
Glanz- und Glättemittel															X					
Steifemittel																X				
Gleitmittel																X				X
Hilfsmittel/Hilfsstoffe	X	X	X	X				X	X		X						X	X	X	X

Deklarierte Inhaltsstoffe von Wasch- und Waschhilfsmitteln (Voll- und Klarwaschmittel, Allein- und Vorwaschmittel, Wäschedesinfektionsmittel)

Inhaltsstoffe	Voll- und Klarwaschmittel					Allein- und Vollwaschmittel					Wäschedesinfektionsmittel		
Produkte	Taxat extra	Taxat perfekt	Eltra	Sapton	Ozonex	Silex 2000	Silex perfekt	Silex super	Dermasil	Limat	Ozonit	Tryplosan	Gardimid extra
Anionische Tenside	X	X	X	X	X	X		X		X			X
Nichtionische Tenside (Niotenside)	X	X	X	X	X	X	X	X	X	X			
Kationische Tenside													
Seifen					X	X		X		X			
Phosphate	X			X		X	X		X		X		
Natriumaluminiumsilikat (Zeolith A, Sasil)	X	X	X	X									
Natriumpolykarboxylate		X	X				X						
Natriumkarbonat	X	X	X	X	X	X	X	X	X	X			
Silikate	X			X		X	X	X		X			
Ätzalkali													
Bleichmittel (Perborat)	X	X	X	X	X								
Wasserstoffperoxid											X		
TAED			X										
Persäure											X		
Organische Chlorträger												X	
Stabilisatoren	X	X	X	X	X		X	X		X	X		X
Enzyme	X		X										
Korrosionsinhibitor	X		X	X	X								X
Vergrauungsinhibitor/-schutz/Schmutzträger	X	X	X	X	X	X	X	X	X	X			
Optische Aufheller	X	X	X	X	X	X	X	X	X	X			
Schaumregulatoren		X	X										
Duftstoffe/Parfümöle	X	X	X	X	X	X	X	X	X	X	X	X	
Lösungsvermittler													
Konservierungsmittel													
Säure													
Antimikrobielle Wirkstoffe											X		X
Modifizierte natürliche Stärke													
Glanz- und Glättemittel													
Steifemittel													
Gleitmittel													
Hilfsmittel/Hilfsstoffe	X	X	X	X	X		X	X	X	X			

Man unterscheidet 3 Tensidearten:
- anionische Tenside, zu denen Seife zählt,
- nichtionische Tenside, die an Bedeutung gewinnen, weil sie schon bei niedrigen Waschtemperaturen eine gute Wirkung entfalten und
- kationische Tenside, die für die Wäscheschönung (Weichspüler) Verwendung finden.

Ausgangsmaterial für die Tenside sind natürliche Fette und Öle – nachwachsende Rohstoffe – und Erdöl – ein endlicher Rohstoff.

Am Anfang war die Seife. Etwa 2500 v. Chr. verwendeten die Sumerer Seife, hergestellt aus Holzasche und Fett, zum Waschen von Wolle.

In unserem Jahrhundert hat die Seife als Waschrohstoff für Textilien an Bedeutung verloren. An ihre Stelle sind zuerst die Fettalkohole und Fettsäuremethylester getreten – Produkte, deren Ausgangsstoffe ebenfalls natürliche Fette und Öle sind. In den Jahren ab 1960 gewannen dann Tenside an Bedeutung, deren Ausgangsstoff das Rohöl ist.

Hierzu zählen vor allem die nichtionischen Tenside, wie sie für die Formulierung von Flüssigwaschmitteln verwendet werden.

Der Einsatz auf Erdöl basierender Tenside bedeutet den endgültigen Verbrauch natürlicher Ressourcen. Die Hersteller von Waschrohstoffen haben dies erkannt und suchen nach neuen nachwachsenden Stoffen, die zur Herstellung von Tensiden dienen könnten und vergleichbar gute Eigenschaften haben.[11]

Neben dem Ressourcenverbrauch ist die Gewässerbelastung ein weiteres Problem der Tenside. Die Schaumberge an den Staustufen sind noch in schlechter Erinnerung. Mit den durch das Waschmittelgesetz vom 20. 08. 1975 erwirkten Umstellungen der Rahmenrezepturen für Waschmittelformulierungen wurde die Situation entschärft, so daß heute von den Waschmitteln eine Gewässerbelastung ausgeht, die durch die Klärtechnik gut beherrscht wird.

---

[11] Baumann H, Bühler M, Fochem H, Hirsinger F, Zoebelein H, Falbe J (1988) Natürliche Fette und Öle – nachwachsende Rohstoffe für die chemische Industrie. Angewandte Chemie 100/1:41–62.

Phosphate

Neben den Tensiden sind die Phosphate die nächstwichtigsten Inhaltsstoffe eines Waschmittels.

Phosphate, richtiger polymere Phosphate, sind wasserlösliche Komplexbildner mit einer Reihe von für einen guten Wascherfolg wichtigen Eigenschaften.

Ihr Wirkungsspektrum umfaßt

- eine Enthärtung des Wassers durch Komplexierung von Kalzium- und Magnesiumionen, wodurch Kalk- und Kalkseifenablagerungen bei Wäsche und Waschmaschinen verhindert werden,
- eine gute Dispergierung und Emulgierung des Schmutzes, so daß der abgelöste Schmutz in der Waschflotte stabilisiert und eine Vergrauung des Gewebes verhindert wird,
- eine Herauslösung von Metallionen (z. B. Eisen) aus dem Schmutz, wodurch die Wirkung der Tenside verstärkt und eine Vergilbung der Gewebe vermieden wird.

Phosphate sind weder giftig noch schädlich, sie sind vielmehr lebenswichtige Nährstoffe für Menschen, Tiere und Pflanzen.

Ihre Gewinnung als Rohstoff und Weiterverarbeitung zu dem in Waschmitteln überwiegende eingesetzten Natriumtriphosphat ist ein Prozeß, der nicht ohne den Verbrauch natürlicher Ressourcen, Primärenergie und einer gewissen Landschaftszerstörung stattfinden kann.

Ein besonderes Problem ist die Abwasserbelastung. Hohe Phosphatrückstände in Abwässern, die nur eine zweistufige Kläranlage durchlaufen, d.h. ohne chemische Klärung, können in Seen und Flüssen zu einer Überdüngung führen. Die Folge einer solchen Eutrophierung ist ein starker Pflanzenwuchs und damit eine Störung des ökologischen Gleichgewichts des betreffenden Gewässers.

Die Waschmittelindustrie hat wie bei den Tensiden Ersatzstoffe gesucht und inzwischen Produkte entwickelt, die vergleichbar gute Wascheigenschaften haben wie die Phosphate, aber ohne deren Umweltbelastung zu verursachen.

Einer der umweltverträglichsten Vertreter dieser Phosphatsubstitute ist der Wirkstoff Natriumaluminiumsilikat, eine Verbindung aus der Klasse der Zeolithe (z. B. Sasil von der Fa. Henkel).

Zeolithe sind in der Natur weit verbreitet und gut umweltverträglich. Natriumaluminiumsilikate sind wie Polyphosphate in der Lage, Wasser zu enthärten und den Waschvorgang zu unterstützen.

Alkalien

Viele Waschmittel, v. a. Spezialwaschmittel, enthalten zur Verstärkung der Waschkraft alkalische Salze wie Natriumkarbonat (Soda) und Silikate. Diese Zusatzstoffe sind im Verlauf ihrer Herstellungsphase relativ umweltverträglich. Ihr Einsatz erhöht aber den pH-Wert der Waschflotte, was u. U. – bei sehr hohen Konzentrationen oder geringen Gesamtabwassermengen – zu einer Störung der biologischen Klärung führen kann.

Desinfektions- und Bleichmittel

Für die Wäschedesinfektion und Bleiche wurden bis vor wenigen Jahren überwiegend chlorabspaltende Mittel wie Natriumhypochlorit oder organische Chlorträger verwendet.

Durch das Abwasserabgabengesetz (AbwAG) vom März 1987 wurde die Bewertung von Schadstoffen und Schwellenwerten neu geregelt. Damit wurden auch die Belastungswerte der Abwässer durch organische Halogenverbindungen durch den sog. AOX-Wert neu bestimmt. Diese neuen Grenzwerte schränkten den Einsatz chlorhaltiger Desinfektions- und Bleichmittel in der gewerblichen wie auch in der Krankenhauswäscherei ein.

An ihrer Stelle werden mit steigender Bedeutung Perverbindungen, d. h. Substanzen, die Sauerstoff als Desinfektions- und Bleichwirkstoff abgeben, eingesetzt. Eine Umweltbelastung durch diese Perverbindungen ist nicht bekannt.

Andere Waschmittelinhaltsstoffe

Von den restlichen Stoffen, die in Waschmitteln für die Bearbeitung von Krankenhauswäsche enthalten sein könne, ist keine Umweltgefährdung bekannt.

- *Radioaktives Material und Zytostatika*

Zytostatika und radioaktive Substanzen kommen nicht in allen Krankenhäusern zum Einsatz. Die mit diesen Produkten verbundenen Risiken
sind bekannt, die Bestimmungen zum Einsatz und zur Entsorgung vom
Gesetzgeber vorgegeben und in den Krankenhäusern durch entsprechende Merkblätter und Richtlinien geregelt.

Ein näheres Eingehen auf diese Problematik scheint deshalb nicht
erforderlich.

Hinweise:

- Praxisgerechtes Zubereiten und Entsorgen von Zytostatika, Kran-
  kenhauspharmazie 9/86;
- Gesetz zum vorsorgenden Schutz der Bevölkerung gegen Strahlen-
  belastung vom Dezember 1986 (Strahlenschutzvorsorgegesetz –
  StrVG).

4.3 Beurteilung und Auswahl von Produkten/Dienstleistungen unter Beachtung möglicher Umweltbelastungen – erster Ansatz einer Umweltbilanz

In den vorausgegangenen Ausführungen wurde auf die Umweltrelevanz und die aktuelle Beschaffungspraxis hingewiesen. Die nun
folgenden Vorschläge für eine ökologieorientierte Beschaffung sollen
anregen, die bestehenden einkaufspolitischen Kriterien um den Faktor
„Umweltverträglichkeit" bewertbar zu ergänzen:

Ökologieorientierte Beschaffung sollte keine Fall-zu-Fall-Entschei-
dung sein, sondern eine systematische und langfristig angelegte
Einkaufspolitik, die bei ihren Entscheidungen neben den Kriterien

- geforderter Produktnutzen,
- sichere Versorgung,
- optimale Werterhaltung,
- sachkompetenter Service und
- angemessener Preis

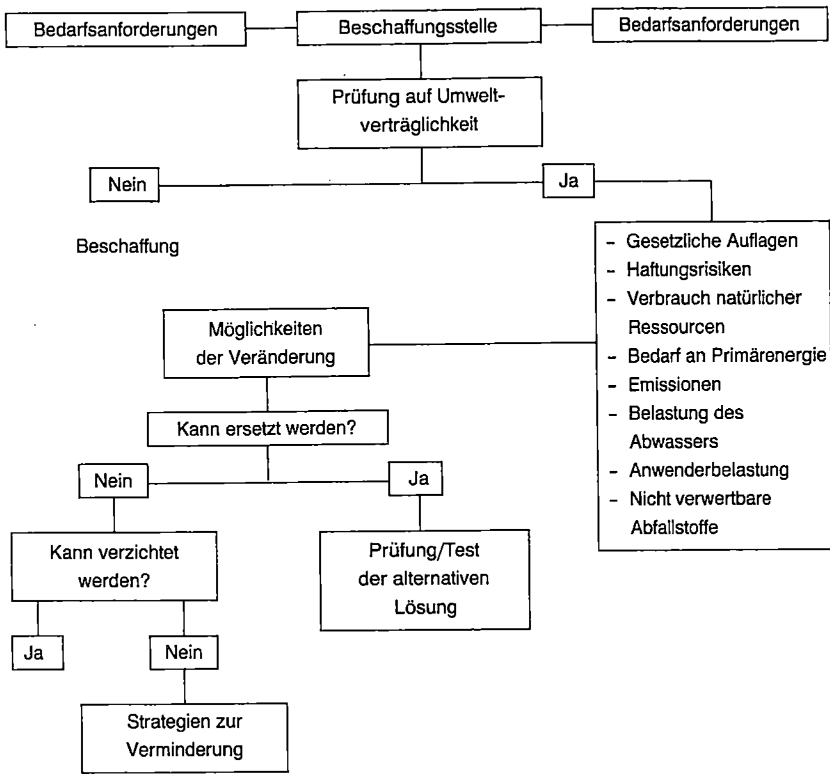

auch die Umweltverträglichkeit der gesuchten Leistung bei ihrer „Nachfrage" gleichrangig berücksichtigt. Sie sollte Voraussetzungen schaffen für eine Umweltentlastung ohne Behandlungs- und Versorgungsdefizite für die Patienten und Mehrkosten für die Sozialgemeinschaft der Versicherten.

Umweltbewußtes Einkaufsverhalten stellt die Frage nach

- dem Ressourcenverbrauch,
- der möglichen Gefährdung und
- den Belastungen,

die das zu beschaffende Gut während der Phase der

- Herstellung,
- Verwendung und
- Entsorgung

verursachen könnte.

Umweltbewußtes Verhalten stellt auch die Frage nach den Positionen der Produkte im Rahmen der aktuellen Umweltschutzgebung und der absehbaren Veränderungen sowie des Versicherungsrisikos in bezug auf die erweiterte Gefährdungshaftung.

Zur Erfassung dieser Problematik könnte folgende Systematik angewendet werden:

1. Stufe – Erfassung der umweltbelastungsrelevanten Produkte.

Ziel: Auflistung der vom Krankenhaus direkt verwendeten Produkte, bei denen eine Umweltbelastung zu vermuten ist (s. 4.2). Dazu dient Arbeitsblatt A (s. S. 84).

2. Stufe – Verbrauchs- und Belastungsbilanz.

Ziel: Systematisierung und Bewertung dieser Produkte/Dienstleistungen nach umweltrelevanten Kriterien. Dazu dient Arbeitsblatt B (s. S. 84).

Danach erfolgt eine qualitative Beurteilung nach folgenden Bewertungsschema:

- Positionierung der Produkte im Rahmen der aktuellen Umweltschutzgesetzgebung:
    1. Ohne erkennbare Einschränkung auch für die Zukunft   ●
    2. Zur Zeit keine Einschränkung   ●●
    3. Anwendung/Einsatzmenge ist begrenzt   ●●●
    4. Zeitlich begrenzter Einsatz erlaubt   ●●●●
    5. Entspricht nicht der aktuellen Rechtslage   ●●●●●

- Positionierung der Produkte in bezug auf ein erhöhtes Versicherungsrisiko (Gefährdungshaftung)/Umweltbelastungsrisikoanalyse durch ein kompetentes Institut:
    1. Ohne erkennbares Risiko   ●
    2. Geringes Umweltgefährdungsrisiko   ●●
    3. Erhöhtes Risiko   ●●●

- Positionierung der Produkte unter Beachtung ökologischer Aspekte
  nach den Kriterien:
  - Verbrauch natürlicher Rohstoffe,
  - Verbrauch von Primärenergie,
  - Emission wie Staub, Gase, Rauch, Dampf, Strahlen, aber auch
    Lärm,
  - Belastungen des Abwassers,
  - Anwenderbelastungen,
  - Abfallbeseitigung.

Die Einstufung erfolgt nach folgenden Bewertungssystem:
  1. ohne Bedeutung ●
  2. sehr gering ●●
  3. gering ●●●
  4. hoch ●●●●
  5. sehr hoch ●●●●●

Zur Durchführung dieser rein qualitativen Gewichtung kann das Arbeitsblatt B (S. 84) verwendet werden.

Für die Erarbeitung einer solchen Entscheidungshilfe ist die Bildung eines Umweltschutzteams zu empfehlen, das den Einkäufer bei seiner Arbeit berät.

Mitglieder dieses Umweltschutzteams könnten sein:
- der Umweltschutzbeauftragte,
- der Hygienebeauftragte,
- ein bevollmächtigter Vertreter der Krankenhausleitung sowie
- fakultativ ein Mitarbeiter des jeweiligen Bedarfsbereichs.

Sollte die Fachkompetenz für eine qualifizierte Beurteilung nicht ausreichen, könnte zusätzlich Rat von externer Seite gesucht werden.

Denkbar wären außerdem Gespräche mit Wettbewerbern oder Anbietern alternativer Lösungen. Der zu betreibende personelle und zeitliche Aufwand wird dadurch zweifelsohne größer.

Ausgleichend könnte sein, daß die Auftragsvergabezeiten auf 2 oder 3 Jahre verlängert würden.

Arbeitsblatt A Umweltbelastungsrelevante Produkte
Bedarfsbereich:

Produkt / Dienstleistung	Verantwortliche Abteilung	Jährlicher	
		Stück	kg

Arbeitsblatt B
Bedarfs- und Belastungsbilanz Produkt / Gruppe / Dienstleistungen

Belastungsaspekte Beurteilungsbereiche	Gesetzliche Auflagen	Haftungsrisiko

- Stoffgewinnungsphase
    Rohstoffe
    Hilfsstoffe		

- Stoffveränderungsphase
    Herstellung
    Lagerung
    Transport		

- Veränderungsphase
    Einsatz
    Verbrauch		

- Entsorgung
    Recycling
    Endbeseitigung		

Bedarf		Versorgungsbedeutung			Anmerkungen
Liter	Wert in TDM	gering	mittel	groß	

Ökologische Aspekte						Summe
Verbrauch natürlicher Ressourcen	Bedarf an Primär-energie	Emmis-sionen	Belastung des Ab-wassers	Anwender-Belastung	Nicht verwertbare Abfallstoffe	

Ergibt die Beurteilung durch das Umweltschutzteam eine Bewertung von 3 oder mehr Punkten, ist, um eine größere Sicherheit zu gewinnen, eine quantitative Analyse durchzuführen oder nach Ersatzprodukten zu suchen.

Eine quantitative Belastungsanalyse, bei der der tatsächliche Verbrauch und die Belastung der Menge und Wert ermittelt werden soll, erfordert einen beachtlichen Aufwand. Dieser Weg sollte nur dann gewählt werden, wenn die qualitative Beurteilung zwischen mehreren möglichen Lösungen zu keiner eindeutigen Entscheidung führt.

Vorhandene quantitative Ökobilanzen sollten aber in die vorgeschlagene qualitative Entscheidungsfindung miteingehen.[12]

Bemerkenswert in diesem Kontext ist die von der EG beschlossene Umweltverträglichkeitsprüfung (UVP) vom 27. 06. 1985. Nach dieser Richtlinie sind für die UVP 5 zentrale Punkte kennzeichnend:
- Prävention: Umweltvorsorge, vorbeugender Umweltschutz;
- Transparenz: Offenheit, Nachvollziehbarkeit;
- Partizipation: Beteiligung der Betroffenen;
- Gesamtschau: bereichs-/medienübergreifend, querschnittorientiert;
- Wissenschaftlichkeit: systematisch, interdisziplinär.

Aufgabe der EG-UVP ist die Identifizierung, Beschreibung und Bewertung der unmittelbaren und mittelbaren Auswirkungen eines Projekts auf
- Mensch, Fauna und Flora,
- Boden, Wasser, Luft, Klima und Landschaft,
- Wechselwirkungen zwischen den genannten Faktoren,
- Sachgüter und kulturelles Erbe.

Die Suche nach neuen, umweltfreundlicheren Produkten sollte institutionalisiert werden. Das empfohlene Umweltschutzteam ist sicher eine gute Ausgangsbasis, um gemeinsam mit Verwendern und Anbietern nach kreativen alternativen Lösungen zu suchen bzw. die Suche zu initiieren.

---

[12] Brune D, Krauch H (1988) Ökobilanz von Operations- und Klinikmaterialien. Technische Akademie Hohenstein ev., Bönnigheim Kassel.

Diese Alternativen könnten sein:
- Produktformulierungen mit geringerer Benutzerbelastung;
  Beispiel: Produkte ohne Konservierungsstoffe;
- Produktformulierungen mit erneuerbaren Rohstoffen;
  Beispiel: Wasch- und Reinigungsmittel mit Tensiden auf Basis pflanzlicher Fette und Öle;
- Fertigungstechniken mit geringerem Energiebedarf;
  Beispiel: Waschverfahren bei 60°C;
- Inhaltsstoffe (Substitute) ohne Einsatzbeschränkung;
  Beispiel: Pumpsprays, phosphatfreie Wasch- und Spülmittel;
- Versorgungstechniken mit deutlicher Abfallverringerung;
  Beispiel: waschbare Op.-Abdecksysteme und Inkontinenzunterlagen;
- Organisation von Recyclingsystemen;
  Beispiel: Sammlung und Aufbereitung von Hohlkörpern (Flaschen, Kanülen, Fässer);
- Verwendung von Produkten mit geringerem Packmittelaufwand;
  Beispiel: Konzentrate, Bag-in-box-Verpackung, Mehrweggebinde;
- Produkte mit geringerem Ressourcenverbrauch;
  Beispiel: Energiesparlampen und Wassersparsysteme, Glasverpackungen;
- Verwendung von Produkten mit geringer Umweltgefährdung bei Lagerung und Transport;
  Beispiel: pastöse Waschkonzentrate;
- Medizintechnische Artikel;
  Beispiel: Einsatz von mehrfach verwendbaren Elektroden und Schläuche für Ultraschallvernebler;
- Verfahren mit geringerem Produktverbrauch;
  Beispiel: Einsatz von bedarfsgesteuerter Dosiertechnik;
- Produkte mit geringerer Ressourcennutzung und Abwasserbelastung;
  Beispiel: Verwendung von Recyclingpapier und waschbaren Textilien;
- innerbetriebliche Ver- und Entsorgungstransporte mit weniger Abfall;
  Beispiel: waschbare keim- und feuchtigkeitsdichte Transportsäcke, auswaschbare Abfallkörbe;

- Arbeitstechniken mit weniger Problemabfällen;
  Beispiel: Einsatz von aufladbaren Akkulumatoren;
- Abfallentsorgung mit geringerer Umweltbelastung;
  Beispiel: thermische Desinfektion des C-Mülls;
- Abfallreduzierung durch Mehrwegverpackung;
  Beispiel: Molkereiprodukte in Glasverpackungen, Speiseversorgung
  ohne Einwegmaterial;
- Wassereinsparung und Abwasserentlastung durch den Einsatz von
  Rückgewinnungsanlagen;
  Beispiel: Anlagen zum Recycling von Fixierbädern;
- Umweltentlastung von Gewässern und Boden;
  Beispiel: Verwendung von Nahrungsmitteln aus biologischem An-
  bau;
- Reduzierung des Verpackungsmülls und des Verbrauchs wertvoller
  Rohstoffe;
  Beispiel: Verzicht auf Kaffeesahne in Kleinpackungen – statt dessen
  könnte Trockenmilch in Papiertüten verwendet werden;
- Kunststoffe mit geringerer Belastung;
  Beispiel: Polymere auf der Basis nachwachsender Rohstoffe (Raps-
  öl) wie Biopol, ein neuer Kunststoff, der für die Verpackung von
  Kosmetika schon Verwendung findet.

Wurden alternative Produkte/Dienstleistungen gefunden, sind sie in
ihrem Leistungsspektrum mit den bisherigen Lösungen zu vergleichen
(s. Arbeitsblatt B, S. 85).

Die Produktlösung (Produkt, Anwendungstechnik oder Dienstlei-
stung) mit der geringsten Belastungskennziffer bei gleichzeitiger Erfüllung der Leistungsanforderung sollte bei der anstehenden Einkaufsent-
scheidung bevorzugt werden.

Bei konsequenter Anwendung der hier empfohlenen Vorgehensweise wird der Einkäufer bzw. die Leitung des Krankenhauses in vielen
Fällen in einen Entscheidungskonflikt kommen. Umweltfreundliche
Produkte sind häufig teurer, manchmal auch nur scheinbar teurer, als
etablierte Produkte und Verfahrenstechniken. Die Krankenhausleitung
gerät hier in die Zwangslage, sich zwischen konträren Zielen entscheiden zu müssen:

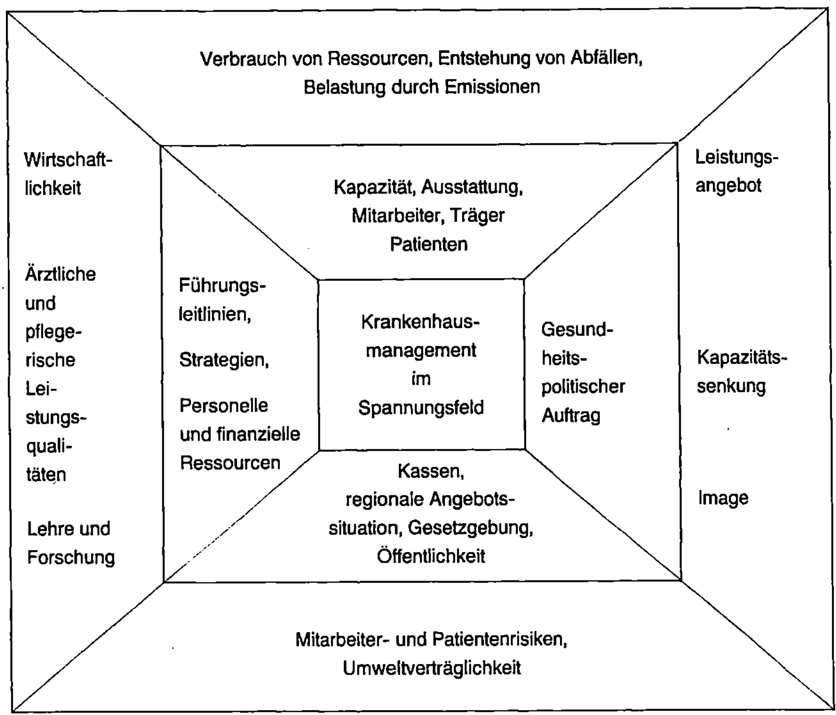

Prinzipiell sind 2 Entscheidungssituationen denkbar bei der Wahl zwischen Produkten mit unterschiedlichem Belastungspotential:

I. Entscheidung unter Kostenneutralität
Ist eine Entscheidung für umweltverträglichere Produkte möglich ohne nennenswerte Mehrkosten, so ist der Beifall von allen Seiten gewiß.

II. Entscheidung bei höheren Kosten der umweltfreundlicheren Alter- native
Bei dieser Konstellation muß sich das Krankenhaus zwischen den konfliktären Zielen Ökonomie und Umweltorientierung entscheiden. Wird aus Kostengründen auf die umweltentlastende Problemlösung verzichtet, stellen sich u. U. Demotivation und Desorientierung bei den Mitarbeitern ein, die sich in einem nachlassenden Engagement, im Sinne des Umweltschutzes zu handeln, äußern. Auf jeden Fall

konterkarriert die unnötige Belastung der Umwelt den gesundheitspolitischen Auftrag der Krankenhäuser.

Alternativ bietet sich die Entscheidung zugunsten der umweltverträg-
licheren Lösung unter Inkaufnahme höherer Kosten an. Als schwer
überwindbares Hindernis, was die Rechtfertigung dieser Entscheidung betrifft, stellt sich die Prüfmethodik der Wirtschaftsprüfungsgesellschaften dar. Bei einigen Prüfern fehlt noch die Einsicht, Produktnutzen ganzheitlich zu begreifen, d. h. Beschaffungskosten, Verbrauch, Service, Entsorgung und Umweltverträglichkeit als Gesamt-
nutzen zu sehen, der bezahlt werden muß. In der Prüfpraxis ist noch
der direkte Produkt-zu-Produkt- und Haus-zu-Haus-Vergleich üblich. Mit dieser Methode werden Produkte, die in direktem Vergleich
preiswerter, bei einer ganzheitlichen Bewertung aber teurer sind,
bevorzugt.

Einige Beispiele sollen dies verdeutlichen.

Beispiel: Abfallvermeidung durch Eigenproduktion

Das Bezirksklinikum Günzburg begann 1986 schrittweise mit der
Eigenproduktion von Desserts, um damit die bisherigen Fertigdesserts
abzulösen. Ziel der Umstellung war, die bei der Verwendung von
Fertigprodukten anfallenden Packmittelabfälle zu vermeiden.

Die Umstellung auf Eigenproduktion führte zu einer geringen Erhö-
hung der Kosten pro Portion Dessert.

Beispiel

---

125 g selbst hergestellter Früchtequark	*ca. 0,58 DM*
	inkl. Personalkosten
Fertigquark ohne Berücksichtigung	
von Sonderangeboten	*ca. 0,50–0,60 DM*
125 g selbst hergestellter Pudding	*ca. 0,65 DM*
Fertigpudding	*ca. 0,40–0,70 DM*

Im Prüfbericht einer Wirtschaftsprüfungsgesellschaft wurde auf eine
Kostenerhöhung hingewiesen; der Aspekt der gleichzeitig erzielten

Abfallreduzierung und die damit verbundene Kostensenkung wurde nicht erwähnt und aufgezeigt.

Wirtschaftsprüfer sowie die staatlichen Prüfstellen haben in demselben Klinikum auch die Wirtschaftlichkeit der Wäscherei geprüft. Auch hier wurde die Frage, ob die Wäscherei umweltschonende Waschverfahren anwendet, nicht angesprochen.

Die Wirtschaftsprüfungsgesellschaften stellen immer noch Direktvergleiche Produkt zu Produkt, Haus zu Haus an. Eine ganzheitliche Betrachtung des Produktnutzens unter Berücksichtigung der ökologischen Verträglichkeit wird nicht vorgenommen. Umweltorientiertes Krankenhausmanagement wird dadurch nicht belohnt, im Gegenteil, es erfordert von Seiten der Klinikleitung viele Erklärungen und Begründungen.

Neben dem Kostenvergleich sollte als ergänzendes Kriterium die Umweltverträglichkeit des Produktes oder Verfahrens mitbewertet werden.

Für den Fall, daß ein umweltfreundlicheres Verhalten in einem Bereich zu Mehrkosten führt, sollte die ganzheitliche Auswirkung auf die Kosten des Hauses geprüft werden. Der Krankenhausträger müßte dann entscheiden, ob er sich für die „wirtschaftlichste" oder wirtschaftlich vernünftige und umweltverträgliche Lösung entscheidet.

Versteht man aktiven Umweltschutz als eine vorbeugende gesundheitspolitische Maßnahme, dann wäre eine solche Entscheidung auch im Sinne der Versicherten und sollte von deren Vertretern, den Krankenkassen, begrüßt oder besser gefördert werden.

Fazit

Eine Entscheidung zwischen Umweltverträglichkeit und Kostensteigerung sollte möglichst immer zugunsten der Erhaltung unserer Umwelt getroffen werden.

Nur für wenige Produkte, so z. B. für Latexhandschuhe oder Lebensmittel aus ökologischem Anbau, sind höhere Aufwendungen notwendig.

Viele der angebotenen umweltverträglichen Produkte und Dienstleistungen sind aber nicht teurer, sondern erfordern nur die Änderung
gewohnten Verhaltens oder die Umstellung bewährter Arbeitstechniken.

Die Aufgabe traditioneller Arbeitsweisen kann u. U. einen größeren
Zeitbedarf und damit Mehrkosten verursachen; mit Unterstützung der
schon erwähnten Umweltschutzteams können aber Wege gefunden
werden zu verhindern, daß durch ökonomische Vorgaben Umweltschutz im Krankenhaus behindert wird.

5 Strategien und Maßnahmen zur Verminderung von Umweltbelastungen

Aktives Umweltschutzmanagement im Krankenhaus kann nur durch interdisziplinäre Zusammenarbeit erreicht werden. Die zielführenden Impulse müssen von der Krankenhausleitung ausgehen, die eine umweltfreundliche Führung des Hauses zu einem Ziel ihrer Führungsrichtlinien erheben muß.

Die anschließende Umsetzung dieser ökologieorientierten Krankenhausleitlinien in die Praxis des Klinikbetriebes ist ein schwieriges Unterfangen. Es genügt nicht, einen Abfallbeauftragten zu ernennen und darauf zu hoffen, daß sich etwas bewegt oder verändert. Sicher, der Abfallbeauftragte ist sehr wichtig und kann durch organisatorische und aufklärende Maßnahmen darauf hinwirken, die Abfälle zu reduzieren, Wertstoffe durch Recycling zu erhalten und durch sachkundige Sortierung und Endbeseitigung die Gefahr für unsere natürliche Umwelt zu vermindern. Umweltschutz sollte jedoch ganzheitlich betrieben werden und alle Funktionsbereiche erfassen.

Im Sinne dieses ganzheitlichen Handelns sind die Verbraucher im Krankenhaus, wie medizinischer Dienst, Pflegedienst und Wirtschaftsdienst, besonders gefordert.

Wie schon einleitend dargestellt, beginnt aktiver Umweltschutz beim Einkauf. Bei der Beschaffung können im Haus erprobte oder gewünschte neue Produkte mit einer geringeren Umweltbelastung nachgefragt werden. Voraussetzung hierfür ist, daß der Einkauf von möglichst vielen Verbrauchsstellen eines Krankenhauses auf umweltverträglichere Produkte aufmerksam gemacht wird.

Der Wunsch nach ökologisch verträglicheren Leistungen muß von den Verbrauchsstellen, den Benutzern, kommen.

Eine permanente, sachkompetente Anregung sensibilisiert den Einkauf (falls er es noch nicht ist), seinerseits mit seinen Lieferanten, nach neuen Lösungen zu suchen. Die entstehende Wechselwirkung von Nachfrage und Angebot fördert die Kreativität und den Innovationsprozeß.

5.1 Organisatorische Voraussetzungen für die Umsetzung von Strategien zur Verminderung von Umweltbelastungen

Nach der Phase der Willensbildung – „Wir wollen ein umweltfreundliches Krankenhaus" – ist der nächste logische Schritt, die notwendige Organisation zu schaffen und Organisationsmittel zu entwickeln, um die Idee, die Absicht, in tatsächliches umweltorientiertes Handeln umzusetzen.

Im Bereich der Industrie hat sich dafür die Erarbeitung von Umweltchecklisten bewährt.[1]

Als Anregung für die Entwicklung eines eigenen Checklistensystems für eine umweltorientierte Krankenhausführung sollen die nachfolgenden Beispiele dienen.

Die dabei gewählte Systematik und Zuordnung ist nicht bindend und gibt keine Prioritäten vor. Bewährt hat sich die Anwendung einer funktionsspezifischen Zuordnung für die Bereiche:

A. Leitung und Organisation,

B. Mitarbeiterinformation und -motivation,

C. Natur-, Landschafts- und Bodenschutz,

D. Produkte und Dienstleistungen,

E. Strom- und Wasserverbrauch, Heizungs- und Produktionsenergie,

F. Gebäude und Versorgungsanlagen,

G. Alternative Energiegewinnung.

Unter *A (Leitung und Organisation)* ist zu prüfen, ob die Voraussetzungen für ein umweltorientiertes Denken und Handeln im Haus vorliegen.

---

[1] Winter G (1987) Das umweltbewußte Unternehmen. Beck, München; sowie Steger U (1989) Umweltmanagement. Gabler, Wiesbaden.

94

Zu diesen Voraussetzungen gehören:
- klare Willensbekundung der Klinikleitung zum Umweltschutz,
- Aufnahme ökologischer Ziele in die Leitlinien des Hauses,
- Vorgabe entsprechender organisatorischer, finanzieller und ökologischer Ziele,
- Schaffung des nötigen Freiraums für alle Beteiligten.

Unter *B (Mitarbeiterinformation und -motivation)* ist zu prüfen, welche Maßnahmen und Mittel einzusetzen sind, um die Mitarbeiter des Hauses für den Umweltschutzgedanken zu gewinnen.

Zu diesen Maßnahmen sollten gehören:
- Information über den Nutzen und die Ziele umweltorientierten Krankenhausmanagements,
- Anbieten von Lernmöglichkeiten durch Broschüren, Videos und Seminare,
- Schaffung von Arbeitsgruppen (Qualitätszirkel, Transferteams), die Vorschläge zur Veränderung und Umsetzung erarbeiten und koordinieren,
- Installation eines Kommunikationssystems (Hauszeitung, Schwarzes Brett, betriebliches Vorschlagwesen).

Unter *C (Natur-, Landschaft- und Bodenschutz)* ist zu ermitteln, welche gestalterischen und gärtnerischen Veränderungen einen positiven Beitrag leisten könnten und wie der Boden vor Schadstoffen geschützt werden kann.

Hierzu zählen Fragen (um nur einige wichtige Punkte zu nennen) wie:
- Gartenarchitektur,
- Bepflanzung,
- Fassadenbegrünung,
- Einsatz von Insektiziden und Herbiziden,
- Schädigung des Bodens durch Streusalz, Öl und Versiegelung.

Unter *D (Produkte und Dienstleistungen)* sind alle die Leistungen auf ihre Umweltverträglichkeit zu prüfen, die das Haus von außen erhält.

Führt man sich den Umfang aller vom Krankenhaus bezogenen Waren vor Augen, ist eine Überprüfung sämtlicher Produkte und Dienstleistungen ein zu großer Aufwand. Zu empfehlen wäre, durch eine Vorprüfung erst die Produkte und Dienstleistungen zu ermitteln, die aufgrund ihrer wirtschaftlichen Bedeutung (Bedarf) und einer schon erkannten Belastung (Ressourcenverbrauch und Emissionen) ein umweltrelevantes Potential darstellen.

Zu dieser Gruppe gehören sicher alle im Haus verwendeten
- Chemieprodukte,
- Einmalartikel,
- Produkte, die in Einwegverpackungen geliefert werden,
- Büro-, Verpackungs- und Hygienepapiere,

aber auch Dienstleister wie
- Gebäudereiniger,
- Wäschereien,
- Maler/Anstreicher und
- Schreiner.

Unter *E (Strom- und Wasserverbrauch, Heizungs- und Produktionsenergie)* ist der gesamte Versorgungsbedarf zur Kontrolle und Verbrauchsanalyse zusammengefaßt. Gerade in diesem Bereich gibt es in vielen Krankenhäusern noch ungenutzte Chancen, durch neue Techniken zu einer Verbrauchsreduzierung beizutragen. In den meisten Häusern ist der Energie- und Wasserverbrauch deutlich zu hoch. Es gibt dafür eine Reihe von plausiblen Gründen.

Die häufigsten sind:
- alte Bausubstanz und damit verbundene geringe Wärmeisolierung,
- unwirtschaftliche Versorgungseinrichtungen,
- fehlende Isolierverglasung,
- unzureichende Verbrauchsstellenkontrolle,
- mangelndes Problembewußtsein,
- fehlendes Energiemanagement.

Die Folgen dieser Defizite sind nicht nur hohe Kosten, sondern auch ein
- unnötiger Verbrauch natürlicher Rohstoffe und
- unnötige Emissionen.

Ein Umweltcheck in diesem Bereich und daraus abgeleitete positive Veränderungen wären nicht nur ein aktiver Beitrag zur Erhaltung unserer natürlichen Umwelt, sondern auch sicher ein Beitrag zur Kostensenkung. Ein erster Schritt zu einem wirksamen Energie- und Wasserverbrauchsmanagement wäre die Aufstellung einer Verbrauchsbilanz. Teilschritte hierzu könnten sein:

- EDV-gestützte Erfassung und permanente Überwachung aller größeren Stromverbrauchsstellen,
- Einrichtung eines Steuerungssystems zur Kontrolle des Spitzenbedarfs,
- Installation von Zwischenzählern für Wasser und Heizungsenergie für alle größeren Bedarfsstellen.

Konkrete Maßnahmen zur Verbrauchsreduzierung könnten beispielsweise sein:

- Einsatz von Energiesparlampen,
- Einbau von Isolierglas,
- Einbau von Thermostaten an allen Heizkörpern,
- Einbau von Perlatoren an den Handwaschbecken und Duschen,
- Einbau von Toilettenspülwasserspartechniken,
- Einbau von Wärmerückgewinnungsanlagen,
- Einrichtung von Heißwaschverfahren (bis 60°C) in der Wäscherei.

Neben diesen technischen Möglichkeiten der Einsparung von Wasser und Energie ist der Umgang mit diesen Ressourcen ein wichtiger Aspekt.

Wasser- und Energiesparen ist ganz besonders eine Frage der persönlichen Einstellung, nämlich des Bewußtwerdens, daß es sich um wertvolle Rohstoffe handelt. Regelmäßige Informationen über Verbrauchswerte, auch im persönlichen Arbeitsbereich, und Anregungen für einen schonenden Umgang sind aktive Beiträge zum Umweltschutz.

Unter *F (Gebäude und Versorgungseinichtungen)* sind alle Bau- und Umbaumaßnahmen sowie technischen Einrichtungen auf ihre Umweltverträglichkeit zu überprüfen.

Auch wenn bauliche Erweiterungen im Krankenhaus seltener vorkommen, so sind doch Umbauten, bauliche Instandhaltung und v. a.

technische Erneuerungen permanente Aufgaben. Fragen der Baubiologie und -ökologie sollten schon zu Beginn des geplanten Vorhabens gestellt und bei der Realisierung beachtet werden.

Die nachfolgenden Punkte sollten bei der Konzeption und Durchführung Beachtung finden:
- Grundstück oder vorhandene Bausubstanz auf Altlasten prüfen,
- Beachtung des „ästhetischen Fits" des baulichen Vorhabens in das vorhandene Landschaftsbild,
- Auswahl natürlicher Baumaterialien mit guten physikalischen Eigenschaften,
- Planung energiesparender und gesundheitsschonender Klimatisierung und Heizung.

Unter G *(Alternative Energiegewinnung)* sind alle Techniken zu überprüfen, die eine sanftere Energiegewinnung ermöglichen. Dazu zählen alle Systeme der Solartechnik, des Wärmeaustausches und Biowärmetechnik.

Fazit

Umweltschutz im Krankenhaus ist ein Transferprozeß. Seine Umsetzung muß von der Mitte der Organisation ausgehen und von der Leitung gewollt sein und gefördert werden.

Es genügt nicht, nach neuen Technologien zu suchen oder umweltverträgliche Produkte einzusetzen. Viel wichtiger ist die Veränderung eingefahrener Einstellungen und Verhaltensweisen. Diese Umstellungen erfordern einen Lernvorgang, ein Erarbeiten neuer Traditionen, was viel Zeit und Geduld erfordert. Wir sollten deshalb heute damit beginnen.

Es folgen einige Checklisten zur Anregung, den Verbrauch im Krankenhaus zu überprüfen. Zur Auswahl alternativer Produkte wird empfohlen, Angebote, die das Umweltzeichen tragen („blauer Engel"), besonders zu berücksichtigen.

Umweltcheckliste A
Leitung und Organisation

Krankenhausleitung	Begründungen, Strategien, Maßnahmen, Termine
Ist aktiver Umweltschutz ein Teilziel des Handelns im Haus?	
Sind Umweltentlastungsziele und die entsprechenden Maßnahmen schriftlich formuliert?	
Wissen alle Mitarbeiter über diese Ziele Bescheid?	
Welche konkreten Umweltschutzmaßnahmen sind für die nächsten 12 Monate geplant?	
Sind die Beauftragten bestellt? Für: Abfall, Strahlenschutz, Energieeinsparung	
Ab wann werden wir ein Umweltschutzteam haben?	

Umweltcheckliste B

Mitarbeiterinformation und -motivation

Mitarbeitermotivation	Ist-Analyse		Einführung geplant?
	ja	nein	Wenn ja, wann und wo? Wenn nein, warum?
- In Personalversammlungen sollte auf den Umweltbereich hingewiesen werden			
- Eine der Besprechungen für leitende Mitarbeiter könnte der Frage nachgehen: „Was können wir als Krankenhaus zur Förderung des Umweltgedankens bei uns tun?"			
- Ziel sollte es sein, daß im Rahmen der Fort- und Weiterbildung spezielle Umweltseminare vorgesehen werden (z. B. für Wäschereileiter oder Einkäufer)			
- Installierung eines Umweltanschlagbretts neben den Tafeln für Betriebsmitteilungen und Personalratsmitteilungen			
- Installierung eines Umweltkastens für die Mitarbeiter (für Tips und Hinweise)			
- Umweltrelevante Vorträge für Mitarbeiter organisieren			
- Verteilung von Broschüren des Umweltbundesamtes und anderer Veröffentlichungen			
- Einführung einer Umweltrubrik in der Hauszeitung			

Letzte Prüfung	Weitere Maßnahmen	Erfolgs-kontrolle

Umweltcheckliste C
Natur-, Landschafts- und Bodenschutz

Bereich Natur-, Landschafts- und Bodenschutz	Ist-Analyse	
	ja	nein
Verwendung heimischer Bäume und Sträucher		
Kompostieren organischer Abfälle, insbesondere aus Gärtnerei und Parkpflege		
Begrünung des Krankenhausgeländes nach ökologischen Gesichtspunkten		
Fassadenbegrünung		
Schaffung ökologischer Ausgleichsflächen auf ungenutztem Krankenhausgelände (z. B. extensive Mahd der Rasenflächen, Feuchtflächen)		
Regenrückhaltebecken für Dachflächenwasser in Teichform erstellen (Feuchtbiotope)		
Erhaltung wertvoller Baum- und Pflanzenbestände bei Neubauten		
Schaffung von Nistmöglichkeiten		
Verwendung von wasserdurchlässigen Materialien bei Verkehrsanlagen (z. B. Rasengitter)		
Vermeidung von chemischen Spritzmitteln		
Einbau von Öl- und Benzinabscheidern		
Bau von Auffangwannen für Öle und Lösungsmittel		
Vermeidung unnötiger Bodenversiegelung		
Versickerungsmöglichkeit von Oberflächenwasser		
Einsatz von salzfreien Streumitteln		
Verwendung von organischen Düngemitteln		

Verwirklichung geplant Wenn ja, wann und wo? Wenn nein, warum?	Erfolgs- kontrolle

Umweltcheckliste D
Produkte und Dienstleistungen

a) Werterhaltung und allgemeine Versorgung

Produkt/ Dienstleistung	Verwendungsbereich	Verbrauch pro Jahr	
		kg	Stück
Farben und Lacke	Allgemeine Instandhaltung		
Maschinen- und Bohröle	Allgemeine Instandhaltung		
Batterien	Medizintechnik		

b) Büromaterial

Produkt/ Dienstleistung	Verwendungsbereich	Verbrauch pro Jahr	
		kg	Stück
Papier	Fotokopien		

c) Sauberkeit und Hygiene

Produkt/ Dienstleistung	Verwendungsbereich	Verbrauch pro Jahr	
		kg	Stück
Reinigung	Fußboden		

Bedeutung für die Leistungsqualität			Erkannte Belastungen			Umweltverträglichere Lösungen
gering	mittel	hoch	Ressourcenverbrauch	Emmissionen	Abfallbeseitigung	
						Umweltverträglichere Farben Umweltverträglichere Produkte aus nachwachsenden Stoffen Aufladbare Geräte ohne Batterien

Bedeutung für die Leistungsqualität			Erkannte Belastungen			Umweltverträglichere Lösungen
gering	mittel	hoch	Ressourcenverbrauch	Emmissionen	Abfallbeseitigung	
						Recyclingpapier

Bedeutung für die Leistungsqualität			Erkannte Belastungen			Umweltverträglichere Lösungen
gering	mittel	hoch	Ressourcenverbrauch	Emmissionen	Abfallbeseitigung	
					Leergebinde	Konzentrate Bag-in-Box Verpackung

Umweltcheckliste D (Fortsetzung)

d) Medikamente

Produkt/ Dienstleistung	Verwendungsbereich	Verbrauch pro Jahr	
		kg	Stück
Tabletten in Blister-verpackungen	Patientenversorgung		

e) Medizintechnik

Produkt/ Dienstleistung	Verwendungsbereich	Verbrauch pro Jahr	
		kg	Stück
Spritzen	Patientenversorgung		

f) Textilien und textile Substitute

Produkt/ Dienstleistung	Verwendungsbereich	Verbrauch pro Jahr	
		kg	Stück
Inkontinenz-produkte	Patientenversorgung		
Op.-Abdeck-systeme	Patientenversorgung		

Bedeutung für die Leistungsqualität			Erkannte Belastungen			Umweltverträglichere Lösungen
gering	mittel	hoch	Ressourcenverbrauch	Emmissionen	Abfallbeseitigung	
			Pack-mittel		Leerpak-kungen	Großgebinde Spender-packung

Bedeutung für die Leistungsqualität			Erkannte Belastungen			Umweltverträglichere Lösungen
gering	mittel	hoch	Ressourcenverbrauch	Emmissionen	Abfallbeseitigung	
			Kunst-stofftyp	bei PVC		

Bedeutung für die Leistungsqualität			Erkannte Belastungen			Umweltverträglichere Lösungen
gering	mittel	hoch	Ressourcenverbrauch	Emmissionen	Abfallbeseitigung	
						Waschbare Unterlagen Neue waschbare Textilsysteme

Umweltcheckliste D (Fortsetzung)

g) Nahrungsmittel

Produkt/ Dienstleistung	Verwendungsbereich	Verbrauch pro Jahr	
		kg	Stück
Joghurt	Patientenversorgung		
Obst	Patientenversorgung		

Umweltcheckliste E
Strom- und Wasserverbrauch, Heizungs- und Produktionsenergie

a) Stromverbrauch

Stromverbrauch	Bereich	Verbrauchs- kontrolle
Beleuchtung	Verwaltung	

b) Wasserverbrauch

Wasserverbrauch	Bereich	Verbrauchs- kontrolle
Produktion	Wäscherei	
Waschbecken und Duschen	Patientenzimmer	

Bedeutung für die Leistungsqualität			Erkannte Belastungen			Umweltverträglichere Lösungen
gering	mittel	hoch	Ressourcenverbrauch	Emmissionen	Abfallbeseitigung	
				Schädlingsbekämpfung		Offene Versorgung über Dessertschalen Obst aus ökologischem Anbau

Möglichkeiten zur Verbrauchsreduzierung	Bessere Lösungen	Ab
	Energiesparlampen	

Möglichkeiten zur Verbrauchsreduzierung	Bessere Lösungen	Ab
	Neues Waschverfahren Perlatoren	

Umweltcheckliste E (Fortsetzung)

c) Heizungsenergie

Heizungsenergie	Bereich	Verbrauchs-kontrolle
Heizung	Patientenzimmer	
Heizung	Stationsräume	
Heizung	Verwaltung	

d) Produktionsenergie

Produktionsenergie	Bereich	Verbrauchs-kontrolle
Dampf	Wäscherei	

Umweltcheckliste F

Gebäude und Versorgungsanlagen, Energie- und Wassereinsparung

a) Gebäude und Versorgungsanlagen

Gebäude und Versorgungsanlagen	Ökologieorientierte Standortwahl
Bauvorhaben	

Möglichkeiten zur Verbrauchsreduzierung	Bessere Lösungen	Ab
	Isolierglas Thermoventile	
	Isolierglas Thermoventile	
	Isolierglas Thermoventile	

Möglichkeiten zur Verbrauchsreduzierung	Bessere Lösungen	Ab
	Heißwaschverfahren 60° C Wärmerückgewinnung	

Umweltorientiertes Baukonzept:
Baustoffe, Grundrißplanung, Energiekonzept

Umweltcheckliste F (Fortsetzung)

b) Energieeinsparung

Energieeinsparung	Menge l/kg/m³ a) durchschnittliche Lagermenge b) Jahresbedarf	Lagerart/Standort/ über- oder unterirdisch?
- Kraftmaschinen (z. B. Transformatoren, Elektromotoren)		
- Nutzung regenerativer Energiequellen		
- Einsatz von Blockheizkraftwerken (BHKW)		
- Einsatz von Mikroelektronik und EDV		
- Isolierung der Nordfassaden		
- Be- und Entlüftung der Sozialräume mit Wärmerückgewinnung		
- Änderung der Kesselschaltung für Sommer- und Winterbetrieb		
- Wärmeschutz an Gebäuden (z. B. ungenügende Wärmedämmung, undichte Wandkonstruktion und Kältebrücken im Mauerwerk, einfach verglaste Fenster und Türen, Tore, die allzu häufig offen sind)		
- Neue Kesselanlage		
- Einbau von Regeleinrichtungen		
- Isolierung von Armaturen und Rohrleitungen		
- Einbau von Abgasklappen		
- Einbau neuer Brenner		
- Absenkung der Abgastemperatur durch Einbau von Nachtschaltheizflächen		
- Reduzierung der Raumtemperatur		
- Installation drehzahlgeregelter Umwälzpumpen		
- Wärmerückgewinnung (z. B. bei Computeranlagen)		
- Klimaanlage		
- Umrüstung von Öl auf Erdgas		
- Einbau von Thermostaten		
- Einsatz von energiesparenden Leuchtstoffröhren		
- Einbau von Dampfbefeuchtern für die Klimaanlagen		
- Neue EDV-Klimaanlage mit Wärmerückgewinnung		
- Sonnenschutzfenster und Außenjalousien		
- Einbau von Regelanlagen in die Heizungssysteme		
- Einbau von Rundsteuerungsanlagen		
- Änderung der Klimaanlage von Wasser- auf Luftkühlung		

Ist-Zustand	Sicherheits-vorkehrungen (Wer hat Zugang?)	Letzte Prüfung	Erfolgs-kontrolle

Umweltcheckliste F (Fortsetzung)

c) Wassereinsparung

Energie- und Wassereinsparung	Verbrauchsmenge l/kg/m³/Jahr
- Recycling von Produktionswasser	
- Wassersparende WC und Duschen (Neueinbau)	
- Instandsetzung undichter Zapfstellen	
- Einbau von Durchflußbegrenzern	
- Absenkung des Netzdrucks	
- Vernünftige Warmwassertemperatur (ca. 45° C)	

Umweltcheckliste G
Alternative Energiegewinnung

Alternative Energien	Wurden alle Möglichkeiten überprüft?
- Solare Warmwasserbereitung	
- Solare Stromerzeugung	
- Einsatz von Wärmepumpen zur Nutzung von Umweltwärme und Abwärme	
- Passive Maßnahmen an Gebäuden zur Nutzung der Sonneneinstrahlung	

Ist-Zustand	Letzte Prüfung	Erfolgskontrolle

Gibt es Gründe gegen den Einsatz alternativer Maßnahmen? Wenn ja, welche?	Welche Maßnahmen sind bis wann geplant?

6 Ökologie- und ökonomie-orientierte Abfallwirtschaft im Krankenhaus

Daß die medizinische, pflegerische und wirtschaftliche Versorgung von 13 Mio. Patienten pro Jahr (bisherige Bundesrepublik) nicht ohne den Anfall von Müll ablaufen kann, steht außer Zweifel. Dies wird auch in der Zukunft so sein. Man sollte jedoch versuchen, die von dem Klinikmüll ausgehenden ökologischen und ökonomischen Belastungen kurzfristig zu reduzieren, die Chancen der Wertstofferhaltung optimiert zu nutzen und mittelfristig Produkte und Methoden zu entwickeln und anzuwenden, die ohne oder mit deutlich weniger Abfall auskommen.

6.1 Abfallaufkommen nach Abfallarten

Gesicherte Zahlenangaben über die in bundesdeutschen Krankenhäusern anfallenden Abfallmengen gibt es nicht. In der Einleitung zu den „Daten zur Umwelt 1988/89" schreibt das Umweltbundesamt: „Abgesicherte Zahlen zum Gesamtabfallaufkommen in der Bundesrepublik liegen nicht vor. Die Statistischen Bundesamt erhobenen Daten sind in der Statistik der ‚Öffentlichen Abfallbeseitigung‘ und in der Statistik der ‚Abfallbeseitigung im Produzierenden Gewerbe und in Krankenhäusern‘ zusammengefaßt. Diese Statistiken werden nach unterschiedlichen Kriterien erhoben und überlappen in Teilbereichen, so daß eine Verknüpfung der Daten außerordentlich schwierig ist."

Mit Verweis auf diese Vorbemerkung werden für die Jahre 1982 und 1984 in Tabelle 5 folgende Abfallmengen genannt:

116

Tabelle 5. Abfallmengen in der Bundesrepublik Deutschland 1982 und 1984 (Angaben in 1000 Tonnen)

	1982	*1984*	*Verän- derung [%]*
Bodenaushub/Bauschutt	*94*	*97*	*+ 3,2*
Stäube und andere feste mineralische Abfälle	*34*	*40*	*+ 11,8*
Asche, Schlacke, Ruß	*17*	*17*	*—*
Metallabfälle	*2*	*3*	*+ 50*
Oxide, Hydroxide, Salze, radioaktive Abfälle	*1*	*1*	*—*
Laborabfälle, Chemikalien	*5*	*32*	*+ 640*
Mineralölabfälle, Phenole	*2*	*1*	*— 50*
Kunststoff-, Gummi- und Textilabfälle	*5*	*4*	*— 20*
Schlämme einschließlich Abwasserreinigung	*45*	*40*	*— 12*
Hausmüllähnliche Abfälle	*638*	*689*	*+ 8*
Papier und Pappe	*2*	*0*	*— 100*
Sonstige organische Abfälle	*21*	*28*	*+ 33*
Krankenhausspezifische Abfälle	*103*	*.99*	*— 4*
Sonstige Abfälle	*1*	*1*	*—*
Gesamt	*970*	*1053*	*+ 8,5*

Auch oder gerade unter dem Vorbehalt, daß nicht alle Abfälle erfaßt werden, sind folgende Werte bzw. Veränderungen bemerkenswert:

- Die erfaßten Mengen an Labor- und Chemikalienabfällen sind deutlich gestiegen
- Die erfaßten Mengen an Kunststoff- und Gummiabfällen, an sich schon sehr gering, sind weniger geworden
- Papier- und Pappeabfälle sind verschwunden und hoffentlich einer Wiederverwertung zugeführt worden

- Die erfaßten Mengen an krankenhausspezifischen Abfällen sind mit
  99000 t (148 kg pro Planbett/Jahr) deutlich zu niedrig.
  Andere Untersuchungsergebnisse ergaben die 3fache Menge.[1]
  Die große Divergenz resultiert aus dem Tatbestand, daß die in
  krankenhauseigenen Verbrennungsanlagen entsorgten Abfälle vom
  Statistischen Bundesamt nicht erfaßt werden.
  Ausgehend von der erwähnten Studie ist deshalb mit ca. 270000 t
  krankenhausspezifischer Abfälle zu rechnen.
  Die in der Studie ermittelten krankenhausspezifischen Abfälle unterteilen sich gemäß § 10 BSeuchG in
- 244000 t der Klasse B:
  Abfälle, die medizinspezifisch sind und die beim Sammeln und
  Transportieren einerseits zu Verletzungen, andererseits zur Über-
  tragung von Krankenheiten führen können (z. B. Abfälle, die mit
  Blut, Sekreten oder Exkrementen behaftet sind), und
- 26000 t der Klasse C:
  infektiöse Abfälle, die quasi wie Sondermüll zu behandeln sind
  und verbrannt oder durch thermische Desinfektion inaktiviert
  werden müssen. Es handelt sich um Gegenstände, die mit
  Erregern meldepflichtiger übertragbarer Krankenheiten behaftet
  sind oder bei denen ein solcher Verdacht besteht.

Faßt man die Ergebnisse des Statistischen Bundesamtes und die
Zahlen der genannten Untersuchung zusammen, so ist davon auszugehen, daß bei einer gleichbleibenden Entwicklung für 1990 mit
ca. 820000 t hausmüllähnlichen Abfällen,
ca. 100000 t Bauschutt,
ca. 200000 t verschiedenartigen Abfällen und
ca. 300000 t krankenhausspezifischen Abfällen

zu rechnen ist.

---

[1] Reibestein B, Wilhelm E (1988) Krankenhausspezifische Abfälle in der BRD. Unveröffentlichte
Studie, Hamburg.

Es besteht aber die berechtigte Hoffnung, daß sich schon infolge der
Kosten für die Entsorgung und infolge der von vielen Krankenhäusern
eingeleiteten Maßnahmen zur Reduzierung eine entlastende Wirkung
zeigt.

6.2 Abfallaufkommen nach Leistungsstufen

Der Umfang der im Krankenhaus anfallenden Abfälle steht in direktem
Bezug zu der jeweiligen Leistungsstufe des Hauses.

Diese Wechselbeziehung zwischen dem Leistungsangebot und der
Menge der leistungsbedingten Abfälle konnte in der erwähnten Studie
nachgewiesen werden.

Basierend auf diesen Werten ergibt sich für die 5 Leistungsstufen
folgende Abstufung:

Durchschnittlicher Wert pro Planbett/Jahr   *2124 kg (100,0 %)*

Krankenhäuser der
Leistungsstufe I GV   *1818 kg (85,6 %)*
Leistungsstufe II RV   *2140 kg (100,8 %)*
Leistungsstufe III EV   *1960 kg (92,3 %)*
Leistungsstufe IV ZV   *2260 kg (106,4 %)*
Leistungsstufe V MV   *2434 kg (114,6 %)*

6.3 Abfallaufkommen in den Bundesländern

Auf obiger Basis und unter Berücksichtigung der Planbetten und
Leistungsstufen ergibt sich für die Bundesländer der in Tabelle 6
angegebene Abfallanteil.

Tabelle 6. Abfallanteil der einzelnen Bundesländer (Angaben in 1000 Tonnen)

Bundesland	Gesamt-abfall	Anteil am Bundesaufkommen [%]
Schleswig-Holstein	56	3,9
Hamburg	34	2,4
Niedersachsen	143	10,1
Bremen	20	1,4
Nordrhein-Westfalen	380	26,8
Hessen	136	9,6
Rheinland-Pfalz	88	6,2
Baden-Württemberg	213	15,0
Bayern	253	17,8
Saarland	26	1,8
Berlin	71	5,0

6.4 Definition der im Krankenhaus anfallenden Abfälle

Das Umweltbundesamt hat mit seiner Darstellung der in den Krankenhäusern anfallenden Abfälle eine Sortierungssystematik vorgegeben, die Abfälle ähnlicher Stoffgruppen zusammenfaßt.

Für eine Erfassung, Sortierung und Entsorgung mit den Zielen

- Abfallverminderung,
- Wertstofferhaltung,
- umweltverträgliche Endbeseitigung,
- niedrige Kosten

reicht diese Struktur nicht aus.

Die nachfolgende Übersicht bringt die im Krankenhaus anfallenden Abfälle:

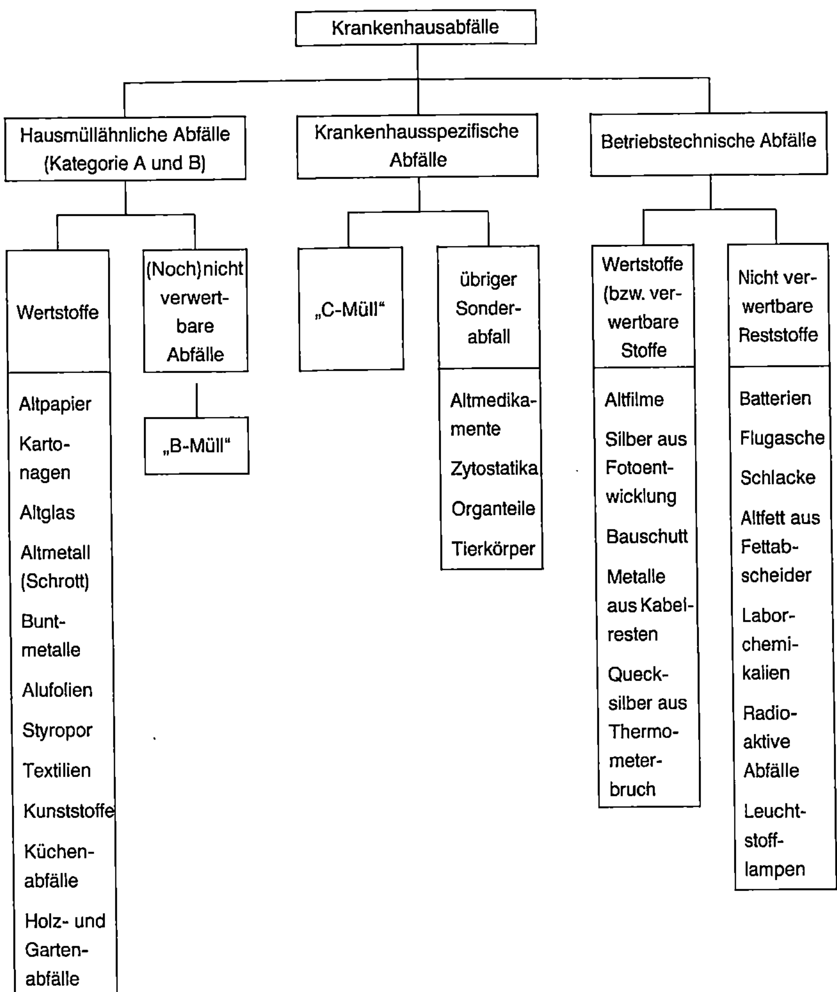

In den Krankenhäusern wurden deshalb weitergehende Erfassungs- und Sortierkonzepte zur umweltfreundlichen Abfallentsorgung entwickelt. Die nachfolgend gegebenen Empfehlungen zur

- Definition,
- Erfassung,
- Sortierung,
- Vermeidung,
- Verwertung,
- Beseitigung

basieren auf in der Praxis gewonnenen Erfahrungen:

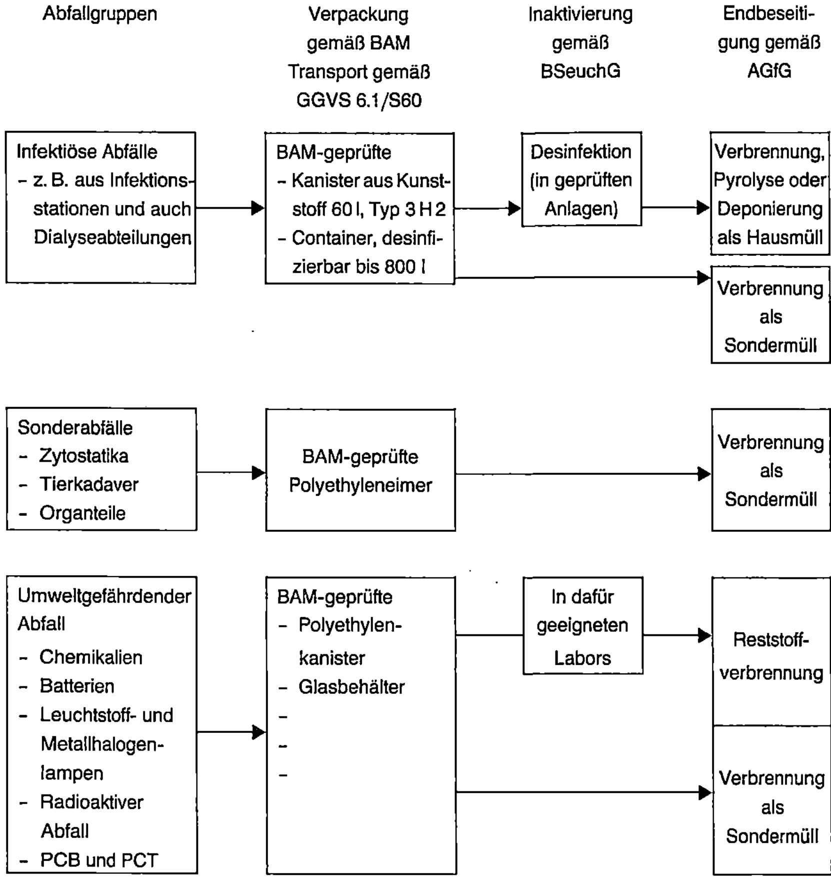

6.5 Konzeption einer umweltorientierten Abfallwirtschaft im Krankenhaus

Ziele eines Abfallkonzeptes sollten sein:
- Reduzierung der anfallenden oder im Hause entstehenden Abfälle,
- Verwertung der anfallenden Wertstoffe,
- umweltverträgliche und ökonomische Entsorgung nichtverwertbarer Rohstoffe.

Die genannten Ziele sollen quantitativ, ausgehend von den erfaßten Ist-Werten, mit den angestrebten Soll-Werten vorgegeben werden.

Die zur Zielerreichung notwendigen Maßnahmen beinhalten 2 Wirkungsbereiche:
Wirkungsbereich I – Änderungen des Verhaltens der Mitarbeiter,
Wirkungsbereich II – Änderungen in der Organisation und Technik.

I. Verhaltensänderungen

Die Bereitschaft, konstruktiv zu einer Entlastung der Umwelt beizutragen, ist bei der Mehrheit der Bevölkerung der Bundesrepublik Deutschland vorhanden. Mehr als 90% der Erwachsenen sind der Auffassung, daß Schutz und Erhaltung einer intakten Umwelt Herausforderung und Verpflichtung zugleich sind, unsere Zukunft zu sichern (Ergebnis einer IPOS-Studie).

Die Kap. 3 dargestellten Ergebnisse der Befragung „Krankenhaus und Umweltschutz" zeigen, daß auch im Krankenhaus die Bereitschaft zum aktiven Umweltschutz vorhanden ist. Zwischen der guten Absicht und der tatsächlichen Umsetzung klafft oft eine Lücke. Die Aufgabe gewohnten Verhaltens ist ein langwieriger Prozeß, der vieler Anstöße bedarf. Aufklärung und Information über Umfang und Wirkung sowie klare Zielvorgaben sind die entscheidenden Motivatoren. Umweltorientiertes Verhalten in Krankenhaus muß lernbar gemacht werden. Anregungen, wie dies erreicht werden könnte, gibt Kap. 9.

II. Veränderungen in der Technik und Organisation der Abfallwirtschaft

Über Methoden der Abfallerfassung und neue Techniken zur Wiederaufbereitung von Wertstoffen liegen aus dem Bereich des produzierendes Gewerbes reichhaltige Erfahrungen vor. Auch für die Behandlung oder Aufbereitung von krankenhausspezifischen Abfällen sowie Kunststoffabfällen wurden neue Technologien entwickelt, die zur Entlastung der Umwelt und zur Kostenreduzierung beitragen können.

Die optimale Nutzung dieser Systeme und v. a. ihre weitere Entwicklung und Wirtschaftlichkeit hängen weitgehend davon ab, wie entsprechende Angebote der Industrie und Dienstleistungsbetriebe von den Krankenhäusern genutzt werden.

Ein weiterer wichtiger Punkt ist die Schaffung der organisatorischen Voraussetzungen im Haus.

Die Ernennung eines Abfallbeauftragten, der über die notwendige Fach- und Entscheidungskompetenz verfügt, sollte an erster Stelle stehen. Im Auftrag der Krankenhausleitung und mit Unterstützung der Fachbereiche ist es Aufgabe des Abfallbeauftragten, Maßnahmen zu ergreifen, die zu Veränderung und Verbesserung zugunsten des Umweltschutzes führen sollen.

Leitgedanke abfallwirtschaftlicher Maßnahmen sollte die Vermeidung und Verminderung von Abfällen sein. Erst wenn alle Möglichkeiten der Reduzierung ausgeschöpft sind, sollte die Verwertbarkeit als zweitbeste Lösung angestrebt werden. Für die noch verbleibenden unvermeidlichen und nichtverwertbaren Reststoffe sollte die Wahl auf Beseitigungsmethoden fallen, die möglichst umweltfreundlich sind.

Nachfolgende Checkliste für eine umweltschutzorientierte Abfallwirtschaft soll anregen, hausspezifische Konzepte zu entwickeln:

Umweltcheckliste
Maßnahmen zur umweltverträglichen Abfallwirtschaft

Krankenhaus Abteilung Verantwortlich	
Abfallgruppe: Stoffgruppe: Definition:	Hausmüll Kategorie A und B Kunststoffe Flaschen, Kanister, Eimer
Rechtliche Vorgaben: Haftungsrechtliche Vorgaben:	Keine AfbG Produktrückstände
Maßnahmen zur - Vermeidung: - Verminderung: - Verwertung: - Endbeseitigung:	 Konzentrate, Bag in Box Kunststoffrecycling Verbrennung als Hausmüll
Organisation - Erfassung: - Transport: - Kontrollen:	Sammelstellen über Container Entsorgungsunternehmen Abfallbeauftragtes Umweltschutzteam

Krankenhaus Abteilung Verantwortlich	
Abfallgruppe: Stoffgruppe: Definition:	Krankenhausspezifische Abfälle Allgemeine Abfälle, unspezifisch C-Müll, infektiöse Abfälle gemäß BSeuchG
Rechtliche Vorgaben: Haftungsrechtliche Vorgaben:	Entsorgung gemäß AbfG BSeuchG § 10 Abs. 1
Maßnahmen zur - Vermeidung: - Verminderung: - Verwertung: - Endbeseitigung:	Einsatz von wiederverwendbaren Produkten Nicht möglich Desinfektion gemäß BSeuchG, anschließend Entsorgung als Hausmüll
Organisation - Erfassung: - Transport: - Kontrollen:	Polyethylensäcke Nur innerbetrieblich Abfallbeauftragter Klinikhygiene

Abfallgruppe: Stoffgruppe: Definition:	Betriebstechnische Abfälle Nichtverwertbare Reststoffe Batterien
Rechtliche Vorgaben: Haftungsrechtliche Vorgaben:	AbfG
Maßnahmen zur - Vermeidung: - Verminderung: - Verwertung: - Endbeseitigung:	Verwendung von aufladbaren Batterien Verwendung von Lithiumbatterien Sondermüll
Organisation - Erfassung: - Transport: - Kontrollen:	Sammelboxen Abfallentsorger Abfallbeauftragtes Umweltschutzteam

6.6 Methoden und Technologien
der Entsorgung von Krankenhausabfällen

Die Entsorgung von Krankenhausmüll war bis Anfang der 80er Jahre ein wenig beachtetes Thema. Viele Krankenhäuser verfügten über hauseigene Verbrennungsanlagen oder nutzten die preisgünstige Lösung der Entsorgung ihrer Abfälle als Hausmüll.

Die veränderte Einstellung zum Entsorgungsproblem, die neue „Müllkultur" in den Krankenhäusern, wurde durch eine Reihe von äußeren Einflüssen hervorgerufen.

Hierzu zählen

- steigendes Umweltbewußtsein in der gesamten Bevölkerung,
- immer wieder eingetretene Umweltunfälle,
- verschärfte Umweltschutzgesetzgebung,
- sichtbarer Anstieg der Abfälle in den Häusern durch die über lange Zeit kritiklose Verwendung von Einmalartikeln.

Die Summe dieser Einflüsse führte zu dem heute sehr ausgeprägten Umweltbewußtsein (s. Kap. 3).

Der ausschlaggebende Anstoß zu Veränderungen in der Abfallwirtschaft der Häuser ging aber von der geänderten Gesetzgebung aus. Das von der Bundesregierung im März 1974 beschlossene Gesetz zum Schutz vor schädlichen Umwelteinwirkungen durch Luftverunreinigungen, Geräusche, Erschütterungen und ähnliche Vorgänge (Bundesimmissionsschutzgesetz – BImSchG) und die in der Folge zu diesem Gesetz erlassene Verordnung über Kleinfeuerungsanlagen vom Juli 1988 haben auch die Abfallbeseitigung der Krankenhäuser schwieriger und v. a. teurer werden lassen.

Die Deutsche Gesellschaft für Hygiene und Mikrobiologie (DGHM) hat zu dieser Problematik wie folgt Stellung genommen.

Zur Frage der Abfallentsorgung im Krankenhaus

Stellungnahme des Vorstands und der Kommission „Krankenhaus- und Praxishygiene" der Sektion Hygiene und Gesundheitswesen der Deutschen Gesellschaft für Hygiene und Mikrobiologie (DGHM)

1985 veröffentlichte der Bundesminister für Verkehr die Straßen-Gefahrgutausnahmeverordnung Nr. S 61 (Beförderung von ansteckungsgefährlichen Abfällen sowie Anforderungen an die Verpackung). In der bis jetzt noch nicht novellierten Verordnung wird zwischen verschiedenen Graden der Anstekkungsgefährlichkeit unterschieden, ohne daß diese definiert werden. Die Verordnung geht dadurch ohne sachliche Begründung erheblich über die vom Bundesgesundheitsamt unter Mitwirkung von Sachverständigen aus der Medizin, aus dem Arbeitsschutz und der Medizinalverwaltung formulierten Anforderungen hinaus. Die Kommission des Bundesgesundheitsamtes hat in Übereinstimmung mit den seuchenhygienischen Schutzbestimmungen des Bundesseuchengesetzes außerhalb des Krankenhauses lediglich besondere Vorkehrungen in den Fällen gefordert, wo aufgrund von § 10 a Bundesseuchengesetz ein Behandlungsverfahren nach § 10 c Bundesseuchengesetz zwingend vorgeschrieben ist. Die in der Straßen-Gefahrgutausnahmeverordnung Nr. S 61 eingeführte Klassifizierung basiert auf der nicht gerechtfertigten Annahme, daß die im Krankenhausbereich für (krankheits- oder therapiebedingt) immungeschwächte Patienten gefahrenträchtigen ubiquitär vorkommenden Mikroorganismen innerhalb oder außerhalb des Krankenhauses zu Gefährdungen bei Gesunden führen könnten. Das Bundesgesundheitsamt hat aber ausdrücklich in seiner Richtlinie festgestellt, daß Abfälle der Gruppe B gefahrlos außerhalb des Krankenhauses wie hausmüllähnliche Abfälle der Gruppe A entsorgt werden können. Die Experten der Kommission „Krankenhaus- und Praxishygiene" der Sektion Hygiene und Gesundheitswesen der Deutschen Gesellschaft für Hygiene und Mikrobiologie stellen mit Bedauern fest, daß trotz verschiedener Hinweise (z. B. durch die Arbeitsgemeinschaft leitender Medizinalbeamter) die wissenschaftlich unbegründeten laienhaften Festlegungen bis jetzt nicht auf dem Verordnungswege berichtigt wurden. Die Sektion Hygiene und Gesundheitswesen der Deutschen Gesellschaft für Hygiene und Mikrobiologie befürchtet, daß durch die wissenschaftlich nicht haltbaren Formulierungen zum Transport von Krankenhausabfällen die wichtigen Normierungen auf dem Gebiet des Transportes unbelebter Schadstoffe (Chemikalien usw.) zukünftig als gleichermaßen leichtfertig formuliert angesehen werden könnten. Sie fordert deshalb die Bundesregierung auf, unverzüglich eine Novellierung der Ausnahmeverordnung Nr. S 61 unter Berücksichtigung der tatsächlichen Möglichkeiten einer Gesundheitsgefährdung vorzunehmen. Die Sektion Hygiene und Gesundheitswesen der Deutschen Gesellschaft für Hygiene und Mikrobiologie bietet ihre Mithilfe bei einer sachgerechten Bewertung an.

Da befürchtet werden muß, daß durch medizinisch Uninformierte weitere Fehlentscheidungen initiiert werden könnten, erlaubt sich die Sektion Hygiene und Gesundheitswesen der DGHM nachstehend einige Anmerkungen zur Frage einer eventuellen Eingruppierung anzuführen:

Das Bundesseuchengesetz schreibt (unter Bewertung der tatsächlichen derzeitigen Seuchensituation und den eventuell möglichen Infektionsgefahren beim Ausbruch von Seuchen) nur noch bei 4 Krankheiten gesetzlich die Einschränkung der persönlichen Freiheit von Erkrankten durch Anordnung einer Zwangsisolierung vor. Es wäre kurios, wenn auf dem Verordnungsweg unabhängig vom Keimgehalt und der Möglichkeit des Kontaktes mit anderen Menschen für eine Vielzahl von Mikroorganismen höhere Anforderungen zur Abschirmung gesetzt werden, als es durch erwiesenermaßen ansteckungsfähige Menschen, die nicht zwangsisoliert werden, geschieht. Die Unausgewogenheit pauschaler Zuordnungen wird, bei Nichtberücksichtigung der individuellen Verhältnisse (wie es das Bundesseuchengesetz entsprechend § 10 a fordert) bei Salmonellen deutlich, wenn ein möglicher unbedeutender Salmonellenbefall in Abfällen zu kostspieligen Abfallentsorgungsprozeduren bis zur Deponie führen muß, gleichzeitig aber ein regelmäßig nachzuweisender Befall bestimmter Lebensmittel (z. B. ca. 25% aller Geflügelproben) lebensmittelrechtlich als unbedenklich angesehen wird und bei sachgemäßer Handhabe aus medizinischer Sicht auch keine Sondermaßnahmen erfordert.

Die Einklassifizierung von Clostridien zu den Sondermaßnahmen erfordernden Mikroben in Abfällen müßte dazu zwingen, auch ein Verbot von Erdtransporten (wegen des regelmäßigen Vorkommens von Gasbrand- und Tetanuserregern in Erdproben) ohne Sondergenehmigung zu erlassen. Es kommt hinzu, daß bei diesen Keimen eine Ansteckungsfähigkeit durch Kontakte nicht besteht.

Der Versuch Staphylococcus aureus als gefährlichen Keim in Krankenhausabfällen darzustellen, beweist, daß in der Normalbevölkerung bis zu 25% der Menschen im Rachenraum „natürliche" Träger dieser Keime sind und beim Gespräch mit anderen Menschen permanent diese sich einer Kontamination aussetzen, ohne daß daraus der Allgemeinheit bedrohende Gesundheitsrisiken erwachsen.

Würde man die für die Krankenhausabfälle in Erwägung gezogenen Katalogisierungen auf andere Bereiche anwenden, so müßten auch alle kommunalen Abwässer nicht über Kläranlagen dem Kreislauf der Natur zurückgeführt werden, sondern als Sonderabfälle verpackt einer Desinfektion zugeleitet werden.

Da aus Technikerfachkreisen neuerdings sogar in Analogie zu der Richtlinie des Bundesgesundheitsamtes beim Umgang mit Mikroorganismen in gentechnologischen Laboratorien Anforderungen an die Keimarmut von Abfallstoffen gestellt werden, sollten Experten eine sich hier anbahnende Fehlinterpretation erkennen.

Da die aufgeführten Beispiele aus tatsächlich existierenden Diskussionskreisen entnommen würden, appelliert die Sektion Hygiene und Gesundheitswesen der Deutschen Gesellschaft für Hygiene und Mikrobiologie eindringlichst an die Verantwortlichen, medizinischen Sachverstand in die Novellierung der Straßen-Gefahrgutausnahmeverordnung Nr. S 61 einfließen zu lassen und damit gleichzeitig den wiederholt in der Öffentlichkeit geäußerten Appell der Bundesregierung, die Kosten im Gesundheitswesen wo nur möglich zu senken, effektiv zu unterstützen. Die Verhütung unsinniger Anforderungen dürfte auf dem Gebiet der Abfallentsorgung in Krankenhäusern eine enorme Ersparnissumme ausmachen.

Anschrift für die Verfasser:
Prof. Dr. H. Rüden
Vorsitzender der Sektion Hygiene und Gesundheitswesen der Deutschen Gesellschaft für Hygiene und Mikrobiologie (DGHM)
c./o. Institut für Hygiene der Freien Universität Berlin,
Hindenburgdamm 27,
D-1000 Berlin 45

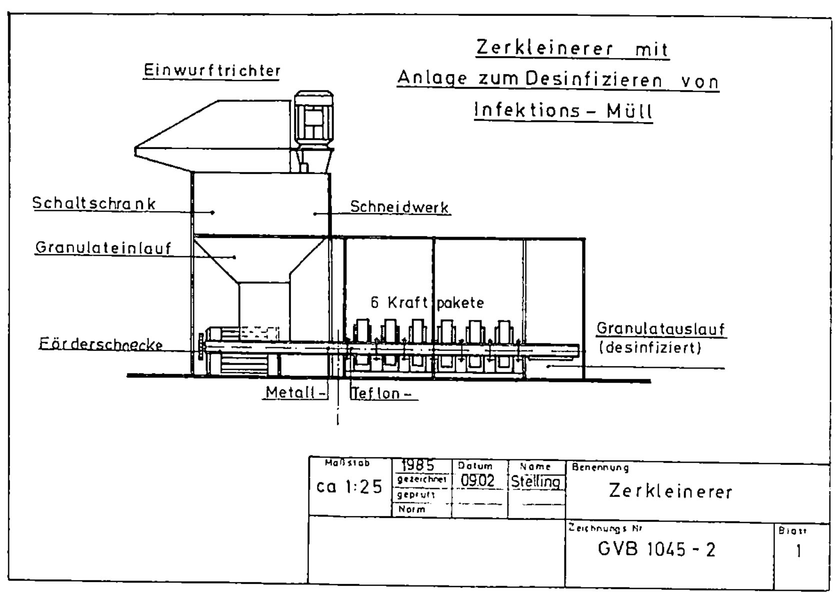

Abb. 4. Zerkleinerer mit Anlage zum Desinfizieren von Infektionsmüll (System Göldner)

Als Folge der Schließung vieler hauseigener Verbrennungsanlagen stieg die an die öffentlichen Verbrennungsanlagen gelieferte Abfallmenge. Da hier die Kapazitäten knapp sind und oft beträchtliche Anfahrtswege in Kauf genommen werden müssen, kam es zu einer Explosion der Beseitigungskosten.

Zwei Methoden werden hierzu angeboten:

1) Desinfektion (Sterilisation) in einem Autoklaven, der für eine Behandlung von Abfällen eingerichtet ist,

2) Inaktivierung (Desinfektion und Zerkleinerung) mittels einer sogenannten Thermodesinfektionsanlage (Abb. 4–6).

Beide Verfahren bieten den Vorteil niedriger Entsorgungskosten von ca. 1,50 bis 2,50 DM/kg und geringerer Umweltbelastung, wenn die Behandlungsanlagen auf dem Klinikgelände installiert werden können. In diesem Fall ist die aufwendige und zusätzlich belastende Kunststoffverpackung überflüssig und der anschließende Transportweg zur Hausmülldeponie oder -verbrennung wahrscheinlich kürzer als der zur Sondermüllverbrennung.

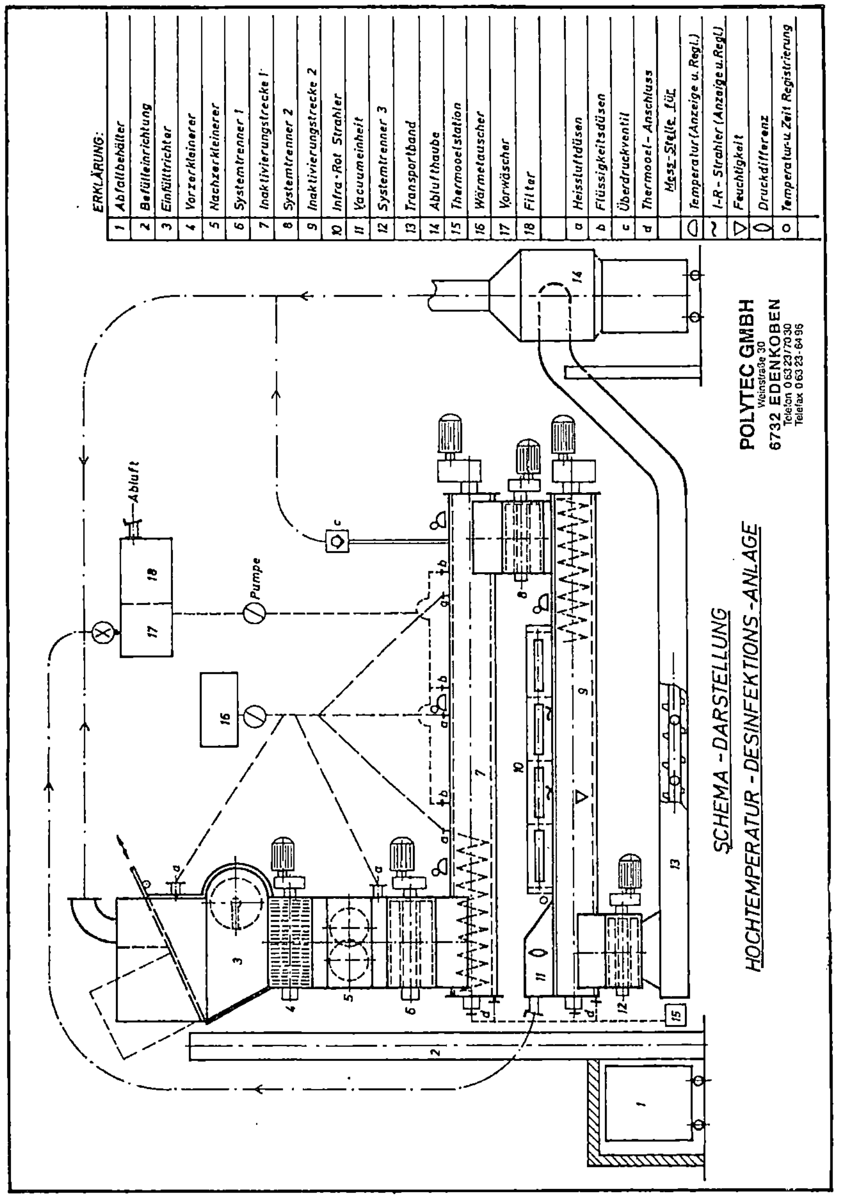

Abb. 5. Schematische Darstellung einer Hochtemperaturdesinfektionsanlage (System Silber)

Zu beachten ist, daß für die angebotenen Anlagen eine gutachterliche Prüfung über die einwandfreie Desinfektion von Abfallstoffen vorliegen sollte, wenn ihr Betrieb gem. § 7 AbfG genehmigungspflichtig ist.

Verfahren für Naßabfall

☐ Fest verschließbare Einwegkunststoffeimer, Polyethylen, undurchsichtig, 21 l/30 l und gekennzeichnet

☐ Spezialfahrzeug mit Kofferaufbauten, wärmeisoliert, mit fächeraufgeteiltem Innenraum, Fassungsvermögen bis zu 100 Einwegkunststoffeimern, verschließbar und flüssigkeitsdicht

☐ Rotierender Spezialsterilisator, doppelwandig, bis 6 bar drucksicher, mit indirekt beheizbaren Brech- und Rührwerken ausgestattet und einer Leistung von 1000 kg/h

☐ Sterilisation bei 4 bar und mindestens 134°C, wobei die Einwirkdauer 20 min beträgt

☐ Das Endmaterial, ein steriles Granulat, ist nach dem angewandten Verfahren eine um 50% reduzierte Rückstandsmenge mit einem Restwassergehalt von 10%

Verfahren für Trockenabfall

☐ Müllsterilisationstüten, dreilagig, Plastikauskleidung, undurchsichtig und gekennzeichnet

☐ Fahrbarer Normmüllcontainer als Sammelbehälter, 1,1 m³, RAL 2000 lackiert, gekennzeichnet und verschließbar

☐ Fahrbarer Druckbehälter als Sattelschlepperaufleger, Rauminhalt 10 m³, 15 mm Wandstärke in doppelwandiger Ausführung, um 80° kippbar ausgebildet, mit Anschlüssen zur Aufnahme der Vakuum- und Dampfleitungen, Kondensatabflüsse und Meßfühler

☐ Luftentfernung:
Anzahl der Evakuierungsphasen: 4.
Bei den Evakuierungsphasen zu erreichender Druck: 100 mbar.
Bei den Zwischendampfstößen zu erreichender Druck: 1000 mbar

☐ Desinfektion:
Dampftemperatur: 110°C.
Einwirkzeit: mindestens 15 min.
Geprüfter und anerkannter Apparatetyp: MD 10

Abb. 6. Verfahrensverlauf einer Behandlungsanlage für infektiöse Abfälle (System Drauschke)

Eine Werterhaltung von wichtigen Rohstoffen durch das Sammeln von Altmaterial und seiner anschließenden Wiederverwertung durch Umwandlung ist keine Erfindung unserer Zeit. Schon früher war das Sammeln von gebrauchten Textilien (Lumpen) und die erneute Verwertung des Rohstoffes bekannt. Besonders in Krisenzeiten – während oder nach Kriegen und nach Katastrophen – war die Altmaterialwirtschaft ein wichtiger volkswirtschaftlicher Faktor.

In den westlichen hochentwickelten Ländern paßte das Altmaterialsammeln nicht mehr zum Zeitgeist der 60er und 70er Jahre. ·

Wegwerfen statt sammeln war angesagt. Daß dies der falsche Weg war, wissen wir heute.

Erst die Umweltschutzbewegung trug entscheidend dazu bei, die Wegwerfmentalität in den Industrieländern abzulegen und die Möglichkeiten des Recyclings zu entdecken. Die Erfüllung der Umweltschutzauflagen zwangen zu großen Investitionen.

Allein von 1984 bis 1986 wurden vom Staat und dem Produzierenden Gewerbe 36,6 Mrd. DM für Investitionen und 43,2 Mrd. DM für umweltschutzbezogene Maßnahmen aufgewendet (Quelle: Statistisches Bundesamt).

Die Verteilung dieser Summen auf die jeweiligen Sachbereiche wird wie folgt geschätzt:
ca. 50% für die Luftreinhaltung,
ca. 30% für den Gewässer- und Bodenschutz,
ca. 10% für die Lärmbekämpfung,
ca. 10% für die Abfallbeseitigung.

Nach den bisherigen Schwerpunkten Luft-, Gewässer- und Bodenschutz rechnet man in den nächsten Jahren mit verstärkten Aufwendungen für den Sachbereich „Abfall".

Forschungs- und Entwicklungsschwerpunkte werden sein:
- integrierter Umweltschutz, d.h. Vermeidung von Emissionen und Abfällen, sowie
- Suche nach Technologien zur Verwertung von Reststoffen.

Auch im Krankenhaus besteht noch Bedarf für Technologien zur Wertstofferhaltung, so z. B. für die Aufbereitung von Kunststoff- und Zelluloseabfällen. Ein erster Schritt in dieser Richtung ist der z. Z. laufende Versuch eines Herstellers von medizinisch-technischen Kunststoffartikeln, der seine gebrauchten Produkte im Krankenhaus einsammeln läßt, um sie anschließend in einer zentralen Anlage zu reinigen, zu desinfizieren und zu regranulieren. Außerdem werden erste Versuche durchgeführt, Leerpackungen von Hygieneprodukten zu recyclen (Abb. 7).

Eine Selbstverständlichkeit sollte die Wertstofferhaltung für Glas, Papier, Altmetall sowie Silber aus Fixier- und Entwicklerlösungen sein. Auch Speiseabfälle sind nach ihrer Sterilisation als Tierfutter verwertbar oder mit Gartenabfällen zu kompostieren.

Fazit

Die Sorge um die Erhaltung unserer Umwelt und die hohen Kosten für die Abfallbeseitigung sind die hauptsächlichen Auslöser für die erkennbaren Veränderungstendenzen. Auch eine Nutzung aller Möglichkeiten zur Vermeidung und Verminderung von Abfällen wird nicht zu einem abfallfreien Krankenhaus führen.

Nachgeordnetes Ziel bleibt es deshalb,
- die nicht verwertbaren Abfallstoffe weiter zu reduzieren,
- die angebotenen Chancen für eine Wertstofferhaltung zu nutzen und für
- die noch vorhandenen Probleme nach Lösungen zu suchen.

Handlungsmaxime sollte dabei sein, jede sich bietende auch noch so kleine Chance zur positiven Veränderung wahrzunehmen.

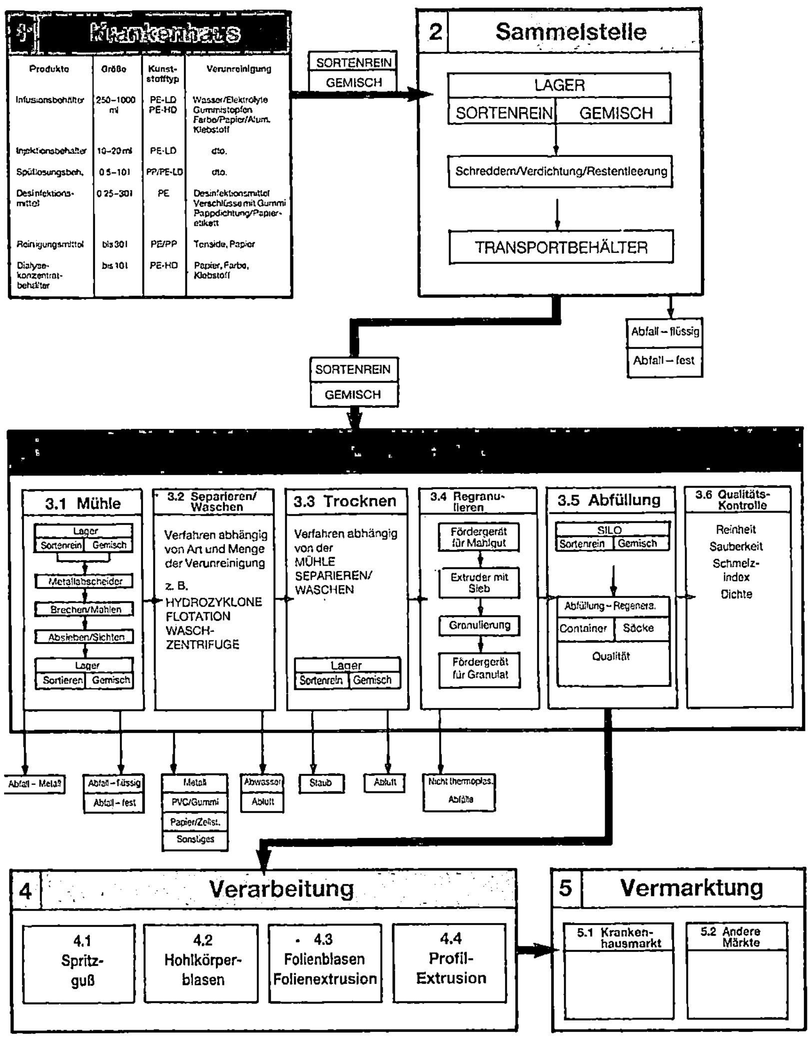

Abb. 7. Kunststoffrecyclingsystem (durch Verursacher organisiert; Fa. Braun, Melsungen)

133

7 Umweltrechtliche Vorgaben, insbesondere die der Abfallbeseitigung im Krankenhaus

7.1 Ausgangslage

Es war ein weiter Weg vom ersten Umweltschutzgesetz (Bayerisches Gesetz zur Wassernutzung von 1852) bis zu den heutigen Rechtsgrundlagen für die Bundesrepublik Deutschland.

Richtungsweisend waren in dieser Zeitspanne - auch für das Gesundheitswesen -

das Gesetz über Detergentien in Wasch- und Reinigungsmitteln 1961,
die TA-Luft 1964,
das Abfallbeseitigungsgesetz 1972,
das Bundesemissionsschutzgesetz von 1974 sowie
die Gefahrgutverordnung Straße von 1979.

Als besonderer Diskussionspunkt hat sich dabei die Frage der ordnungsgemäßen Entsorgung krankenhausspezifischer Abfälle herausgestellt, da hier verschiedene Gesetze und Verordnungen zu beachten sind:

- im Bundesseuchengesetz wird definiert, was infektiöse Abfälle sind,
- in der Gefahrgutverordnung Straße wird die Verpackung und der Transport infektiöser Abfälle geregelt und
- im Gesetz über die Vermeidung und Entsorgung von Abfällen wird die Endbeseitigung dieser Abfälle behandelt.

Durch diese Vorgaben wurden viele Krankenhäuser verunsichert, wie sie ihren Klinikmüll sortieren und entsorgen sollen und welche haftungsrechtlichen Risiken bestehen.

Um hier einen Beitrag zu leisten, werden nachfolgend die wichtigsten gesetzlichen Grundlagen im Kontext zu der angeführten Problematik vorgestellt.[1]

7.2 Bundesseuchengesetz (BSeuchG) vom 18. 12. 1979

In § 10 Abs. 1 ist bestimmt, daß die zuständigen Behörden zum Eingreifen verpflichtet sind, wenn auch nur der Verdacht besteht, daß Tatsachen vorliegen, die zum Auftreten einer übertragbaren Krankheit führen können.

Die §§ 10a–10c regeln im einzelnen neu die von der Behörde zu treffenden Maßnahmen und schaffen so eine direkte Eingriffsgrundlage, die voraussetzt, daß Gegenstände mit Erregern meldepflichtiger übertragbarer Krankheiten behaftet sind oder dies anzunehmen ist.

Es würde hier zu weit führen, die einzelnen möglicherweise relevanten Bestimmungen zu besprechen, da schließlich eine Unmenge von Gelegenheiten denkbar ist, wo es zum Auftreten einer übertragbaren Krankheit im Wege der Abfallentsorgung kommen kann.

Wichtig sind die Strafvorschriften der §§ 63 ff., die für die Verbreitung von Krankheiten im Sinne des Bundesseuchengesetzes, sei sie nun vorsätzlich oder fahrlässig, einen Strafrahmen von Geldstrafe bis zu einer Freiheitsstrafe von 5 Jahren vorsehen.

7.3 Strafgesetzbuch (StGB)

Bei dieser Gelegenheit soll auch zugleich auf die Vorschriften des Strafrechts hingewiesen werden, insbesondere fahrlässige Körperverletzung (§ 230), gemeingefährliche Vergiftung (§ 319), fahrlässige Gemeingefährdung (§ 320) sowie auf den durch das 18. Strafrechtsänderungsgesetz von 1980 neu geschaffenen 28. Abschnitt über Straftaten

---

[1] Die wesentlichen Beiträge wurden hierbei von Herrn Ass. jur. Thomas Friedenstab, Gerling-Consulting-Gruppe, Köln, geleistet.

gegen die Umwelt (§§ 324 ff.). Die neuen Bestimmungen bedrohen durchweg auch fahrlässiges Handeln mit Strafe und sehen bei schwerer Umweltgefährdung (§ 330) abgestufte Strafverschärfungen vor.

Mit Rücksicht auf die besondere Bedeutung einer umweltfreundlichen Abfallwirtschaft verdient die umweltgefährdende Abfallbeseitigung im Sinne des § 326 StGB besondere Beachtung. Nach dieser Vorschrift macht sich insbesondere derjenige strafbar, der unbefugt Abfälle, die Gifte oder Erreger gemeingefährlicher und übertragbarer Krankheiten bei Menschen und Tieren enthalten oder hervorbringen können, außerhalb einer dafür zugelassenen Anlage oder unter wesentlicher Abweichung von einem vorgeschriebenen oder zugelassenen Verfahren behandelt, lagert, ablagert, abläßt oder sonst beseitigt (Absatz 1 Nummer 1). Strafbar macht sich auch, wer in gleicher Weise mit Abfällen verfährt, die nach Art, Beschaffenheit oder Menge geeignet sind, nachhaltig ein Gewässer, die Luft oder den Boden zu verunreinigen oder sonst nachhaltig zu verändern (Absatz 1 Nummer 3).

Allgemein ist darauf hinzuweisen, daß sich bei einem strafrechtlichen Fehlverhalten Sanktionen sowohl gegen die Krankenhausleitung als auch gegen das sonstige Personal richten können. Darüber hinaus kann gegen den Krankenhausträger als juristische Person gemäß § 30 OWiG eine Geldbuße festgesetzt werden, sofern eines seiner vertretungsberechtigten Organe eine Straftat oder Ordnungswidrigkeit begangen hat, durch die Pflichten, welche die juristische Person oder die Personenvereinigung treffen, verletzt worden sind.

7.4 Abfallgesetz (AbfG) vom 27. 08. 1986
und Gefahrgutverordnung Straße (GGVS) vom 13. 11. 1990

Nach der Begriffsbestimmung in § 1 AbfG unterliegen die in Krankenhäusern, Arztpraxen und sonstigen Einrichtungen des medizinischen Bereichs anfallenden Rückstände grundsätzlich in ihrer ursprünglichen Entstehungsform den Bestimmungen des Abfallgesetzes und dürfen nur so entsorgt werden, daß keine Gefährdung von Menschen, Tieren, Gewässern, Böden, des Naturschutzes und der öffentlichen Sicherheit und Ordnung stattfindet (§ 2, Abs. 1 AbfG).

136

§ 2 Absatz 1 Satz 2 AbfG enthält einen der tragenden Grundsätze des Abfallentsorgungsrechts: Abfälle sind so zu entsorgen, daß das Wohl der Allgemeinheit nicht beeinträchtigt wird. § 2 Abs. 2 nennt als weiteren Grundsatz, daß an die Entsorgung besonders gefährlicher Abfälle „nach Maßgabe des Gesetzes zusätzliche Anforderungen zu stellen" sind. Zur Bestimmung dieser besonders überwachungsbedürftigen Abfälle nimmt § 2 Absatz 2 Satz 2 AbfG auf die Abfallbestimmungsverordnung vom 3. 4. 1990 Bezug, in deren Anlage die zusätzlichen Anforderungen unterliegenden Abfälle im einzelnen genannt sind. Entgegen dem mißverständlichen Wortlaut von § 2 Absatz 2 Satz 2 sind nicht alle in der erwähnten Verordnung aufgeführten Stoffe zugleich Abfälle im Sinne des Abfallgesetzes. Abfalleigenschaft im Sinne des § 1 AbfG kommt ihnen vielmehr erst dann zu, wenn sich der Besitzer ihrer entledigen will (sogenannter subjektiver Abfallbegriff) oder ihre geordnete Entsorgung zur Wahrung des Wohles der Allgemeinheit geboten ist. (objektiver Abfallbegriff).

Soweit sie in der erwähnten Anlage aufgeführt sind, werden zusätzliche Anforderungen an die Entsorgung bestimmter Krankenhausabfälle gestellt. Dies sind nach der Anlage zur Abfallbestimmungsverordnung krankenhausspezifische Abfälle, die sich unterteilen lassen in infektiöse Abfälle sowie Körperteile und Organe (Abfallschlüssel Nr. 971 01 bzw. 971 04) und aus Krankenhäusern und Kliniken mit mindestens einer der Abteilungen: Blutbank, Chirurgie, Dialysestation, Geburtshilfe, Gynäkologie, Infektionsstation, Mikrobiologie, Pathologie und Virologie stammen.

Fallen jedoch bei einem Abfallerzeuger jährlich nicht mehr als 500 kg der in der Anlage zu der Verordnung aufgeführten Abfallarten an, so sind diese Abfälle von der Einstufung als besonders überwachungsbedürftig bis zur Übergabe an einen zur Entsorgung nach dem Abfallgesetz Befugten ausgenommen.

Dies bedeutet für die hier aufgeführten Krankenhäuser und Kliniken, daß dort zunächst eine Bestimmung und Einteilung der hier relevanten Abfälle erfolgen muß und danach notwendigerweise auch eine entsprechende Lagerung, Verpackung und spezielle Handhabung bei der Entsorgung stattfinden muß.

Bei der Bestimmung und Einteilung der hier angesprochenen Abfälle hat das Krankenhaus oder die Klinik bei der Klassifizierung der hier relevanten Abfälle zunächst die neuesten Erkenntnisse von Forschung und Lehre zu beachten, sowie natürlich auch die einschlägigen Veröffentlichungen dazu, wie zum Beispiel das bereits oben erwähnte ZfA-Merkblatt Nr. 8, das jedoch in der dort vorgenommenen Klassifizierung nicht mehr der mittlerweile geänderten Rechtslage gerecht wird.

Nach den „BGA-Richtlinien für die Erkennung, Verhütung und Bekämpfung von Krankenhausinfektionen" umfassen die Abfälle der dortigen Gruppe B (ansteckungsgefährlich) und C (stark ansteckungsgefährlich) Abfälle gemäß § 2 Abs. 2 und sind demzufolge auch so zu behandeln, d. h. also zunächst zu klassifizieren und entsprechend zu lagern.

Auf die näheren Einzelheiten dazu kann und braucht hier nicht näher eingegangen zu werden, v. a. deswegen, da in den Krankenhäusern und Kliniken dafür genügend geeignetes Personal und insbesondere in der Person des Hygienebeauftragten und nunmehr auch des Betriebsbeauftragten für Abfall Verantwortungsbereiche geschaffen wurden, in denen die nötige Sachkunde und Zuverlässigkeit vorhanden ist. Zum Betriebsbeauftragten für Abfall erfolgen unten noch weitere Ausführungen.

Der weitere Weg der Entsorgung des Abfalls gemäß § 2 Abs. 2 ist wie folgt geregelt:

Diese Abfälle dürfen zum Einsammeln und Befördern nur den nach § 12 besonders Befugten und diesen nur dann überlassen werden, wenn eine Bescheinigung des Betreibers einer Abfallentsorgungsanlage vorliegt, aus der dessen Bereitschaft zur Annahme derartiger Abfälle hervorgeht (§ 4 Abs. 3).

Die Regelung des § 4 Absatz 3 sagt freilich nichts über die Form der Bescheinigung aus, wem sie vorzulegen ist und ob eine entsprechende Entsorgungskapazität zur Verfügung stehen muß. Die bloße unsubstantiierte Erklärung der Annahmebereitschaft ohne nähere Spezifikation von Abfallart und -menge dürfte den gesetzlichen Intentionen nicht entsprechen. Der Inhaber von Sonderabfall verstößt jedenfalls dann gegen § 4 Absatz 3, wenn ihm Umstände bekannt waren, welche Anlaß gaben, an der ordnungsgemäßen Entsorgung in der ins Auge gefaßten Abfallanlage erhebliche Zweifel zu hegen.

Die Einzelheiten der Erlangung der besonderen Befugnis gemäß § 12 regelt die Verordnung über das Einsammeln und Befördern sowie die Überwachung von Abfällen und Reststoffen (AbfRestÜberwV) vom 03. 04. 1990.

Gemäß § 4 Absatz 5 wird die Bundesregierung ermächtigt, allgemeine Verwaltungsvorschriften zum Verfahren der Sammlung, Behandlung, Lagerung und Ablagerung von Sonderabfällen zu erlassen, die in der Regel eine umweltverträgliche Abfallentsorgung gewährleisten.

In Ausfüllung dieser Ermächtigungsgrundlage wurde die Technische Anleitung (TA) Abfall vom 23. 04. 1990 geschaffen, die am 01. 10. 1990 in Kraft getreten ist. Als Verwaltungsvorschrift richtet sie sich unmittelbar allein an die Behörden, die ihre Bestimmungen erst durch Verwaltungsakt für die Betroffenen verbindlich machen. Die TA Abfall ist als vorweggenommenes Sachverständigengutachten anzusehen und konkretisiert den Stand der Technik bei der Abfallentsorgung.

In dem hier interessierenden Zusammenhang besteht Anlaß auf die in Ziff. 6.2. enthaltenen Anforderungen an die Abfallanlieferung hinzuweisen, die neben allgemeinen Vorgaben unter Ziff. 6.2.2. spezifische Bedingungen an die Anlieferung von Krankenhausabfällen stellt. Diese sind in Behältnissen anzuliefern, die auf die spätere Entsorgungsart abgestimmt sind. Die Abfallart mit Abfallschlüssel 97104 (Körperteile und Organabfälle) ist in verbrennbaren Einwegbehältnissen anzuliefern. Infektiöse Abfälle können entweder in verbrennbaren, bauartzugelassenen Einwegbehältnissen oder in Einwegbehältnissen in bauartzugelassenen Wechselbehältnissen angeliefert werden. Ein unbefugtes Öffnen und Umfüllen dieser Behältnisse sowie das Sortieren der Abfälle ist nicht zulässig.

Schließlich gibt der in Anhang C enthaltene Katalog der besonders überwachungsbedürftigen Abfälle in Abschnitt IV Hinweise auf Entsorgungsmöglichkeiten für die einzelnen Abfallarten. Für Krankenhaus spezifische Abfälle sind dies die Entsorgung auf eine oberirdische Deponie für besonders überwachungsbedürftige Abfälle sowie eine nicht näher definierte Spezialbehandlung, darüber hinausgehend für infektiöse Abfälle die Verbringung auf eine chemisch/physikalische bzw. biologische Behandlungsanlage.

Ungeachtet dessen gilt für eine Beförderung von Abfall auf Straßen die Verordnung über die innerstaatliche und grenzüberschreitende Beförderung gefährlicher Güter auf Straßen vom 13. 11. 1990 (Gefahrgutverordnung Straße, GGVS).

Nach dieser Verordnung dürfen gefährliche Güter auf der Straße nur befördert werden, wenn sie aufgrund dieser Verordnung zur Beförderung zugelassen sind.

Zugelassen zur Beförderung sind allgemein auch Abfälle aus Krankenhäusern, Tierkliniken und anderen Einrichtungen des Gesundheitswesens, also auch aus Arztpraxen, mit Ausnahme von ansteckungsgefährlichen Stoffen und Gegenständen gemäß Anlage A Klasse 6.2 Rdnr. 2650 und 2651, sowie ekelerregende Stoffe der Rdnr. 2651 Ziff. 11.

Derartige ansteckungsgefährliche Stoffe und Gegenstände sind z. B. (hier beschränkt auf den Rahmen eines Krankenhauses):

- von Fleisch- und sonstigen Weichteilen nicht gereinigte frische Knochen;
- gereinigte oder trockene Knochen;
- gegen Fäulnis geschützter, nichtinfizierter Harn;
- anatomische Bestandteile, Eingeweide und Drüsen;
- Latrinenstoffe;
- Organismen mit neukombinierten Nukleinsäuren;
- leere Verpackungen und leere Säcke, entleert von den vorgenannten Stoffen und Gegenständen, sowie Planen, die zur Bedeckung derselben gedient haben.

Ekelerregende Stoffe sind solche Stoffe, die sich nicht unter den vorstehend aufgeführten Stoffen befinden und von Menschen oder Tieren herrühren, wie z. B. Harn, Kot, Auswurf, Blut und Eiter.

Derartige ansteckungsgefährliche und/oder ekelerregende Stoffe dürfen nur dann befördert werden, wenn gemäß Ausnahme Nr. S 61 die nachfolgenden Bedingungen erfüllt sind:

Für feste Abfälle müssen nicht wiederverwendbare Verpackungen aus Kunststoff (Typen 1 H2, 3 H2, 4 H2) oder aus Pappe (Typen 1 G, 4 G), für flüssige Abfälle aus Kunststoff (Typen 1H1 und 3H1) verwendet werden; diese Verpackungen müssen desinfizierbar, wasserdicht, durchdringungsfest gegenüber spitzen Kanülen von Spritzen mit Außendurchmesser von 1 mm und mit Griffen oder ähnlichen Hebevorrichtungen ausgerüstet sein.

Außerdem müssen Verschlüsse und evtl. vorhandene Lüftungseinrichtungen keimdicht sein und ein Öffnen der Verpackungen nach ordnungsgemäßem Verschluß visuell erkennbar sein.

Die vorgenannten Eigenschaften müssen durch eine Bauartprüfung nachgewiesen sein.

Für stark ansteckungsgefährliche Abfälle (Gruppe C der Richtlinien des BGA) und solche, bei denen eine Verbreitung von Krankheiten zu befürchten ist, gelten besondere Vorschriften, wobei aus Sicherheitsgründen jeweils die Bedingungen der höheren Verpackungsgruppe maßgebend sind, wenn die Abfälle nicht getrennt gesammelt werden.

Transportgefäße für mehrfache Verwendung sind nur für feste Abfälle zugelassen; diesen dürfen auch flüssige Abfälle in geringer Menge (höchstens 5% des höchst zulässigen Füllgewichts) beigegeben werden, wenn geeignete Saugstoffe die Flüssigkeit vollständig aufsaugen können.

Zusätzlich sind noch besondere Vorschriften über die Beschriftung, die Anbringung von Gefahrzetteln, die Lagerung bis zur Beförderung, die Kennzeichnung der Fahrzeuge, die Fahrzeugführer und die Beförderungspapiere zu beachten.

Wegen der Einzelheiten muß hier, allein schon aus Gründen der Übersichtlichkeit, auf die zitierten Vorschriften verwiesen werden.

Weiter sind in den Anlagen zur GGVS Vorschriften enthalten über Bau und Ausrüstung der Fahrzeuge, über das Beladen, Zusammenladen, die Handhabung und Entladung sowie die Durchführung der Beförderung bis zur Überwachung beim Parken, auf die hier ebenfalls nicht näher eingegangen werden kann.

Die Verantwortlichkeit zur Einhaltung der Vorschriften trifft sämtliche an der Entsorgung Beteiligten, sowohl den Beförderer (derjenige, der das Fahrzeug verwendet), den Absender (der mit dem Beförderer einen Beförderungsvertrag abschließt; wird kein Beförderungsvertrag abgeschlossen, gilt der Beförderer als Absender), den Verlader (der als unmittelbarer Besitzer das Beförderungsgut dem Beförderer zur Beförderung übergibt oder selbst befördert), als auch den Fahrzeugführer (der das Fahrzeug lenkt).

Die Sicherheitpflichten, die die vorgenannten Beteiligten, einschließlich des Beifahrers und des Empfängers, treffen, sind in § 4 nochmals ausdrücklich genannt; ein vorsätzlicher oder fahrlässiger Verstoß gegen die genannten Bestimmungen und Sicherheitspflichten wird gemäß § 10 in einem umfangreichen Katalog von ca. 80 Ordnungswidrigkeitstatbeständen als Ordnungswidrigkeit in Verbindung mit § 10 des Gesetzes über die Beförderung gefährlicher Güter mit beachtlichen Bußgeldern bedroht.

Wie sich aus den vorstehenden Ausführungen ergibt, ist durch die Klassifizierung bestimmter Arten des Klinikabfalls zu einem gefährlichen Gut mit sämtlichen, sich daraus ergebenden Folgen für Lagerung, Einsammeln, Befördern und Entladen die GGVS zur eigentlichen, zentralen und für die Praxis der Entsorgung des klinikspezifischen Mülls bedeutenden Vorschrift geworden.

Damit die Entsorgung dieses Abfalls im Sinne des § 2 Abs. 2 überwacht werden kann, ist gemäß § 11 Abs. 3 ein Nachweisbuch zu führen und Belege vorzulegen, sowohl von dem Betreiber der Anlage, in der Abfälle dieser Art anfallen, als auch von demjenigen, der diese Abfälle sammelt und befördert oder entsorgt.

Die Einzelheiten dazu sind in der AbfRestÜberwV vom 03. 04. 1990 geregelt. Diese Verordnung gilt unter anderem für die Betreiber gewerblicher oder sonstiger wirtschaftlicher Unternehmen oder öffentlicher Einrichtungen, in denen bestimmte Abfälle anfallen (Abfallerzeuger im Sinne des § 1 Abs. 1 Nr. 1 der Verordnung) mithin auch für Krankenhäuser und Kliniken. Die in der Verordnung näher dargestellten Pflichten des Abfallerzeugers knüpfen an § 11 Abs. 3 AbG an, demzufolge Betreiber von Anlagen, in denen Abfälle im Sinne des § 2 Abs. 2 anfallen, zur Führung eines Nachweisbuches und zur Vorlage der für die zuständige Behörde bestimmten Belege verpflichtet sind. Das Nähere über die Einrichtung, Führung und Vorlage der Nachweisbücher und das Einbehalten von Belegen sowie über die Aufbewahrungsfristen bestimmt die AbfRestÜberwV, deren für den Abfallerzeuger maßgeblichen Vorschriften im folgenden kurz skizziert werden sollen.

142

Soweit eine Nachweisfrist nach § 11 Abs. 3 des Abfallgesetzes besteht, hat der Abfallerzeuger den Nachweis über die Zulässigkeit der vorgesehenen Entsorgung unter Verwendung eines Vordruckes nach Anlage 3 der Verordnung zu führen (§ 8 Abs. 1 Satz 1 AbfRestÜberwV). Der Entsorgungsnachweis besteht aus der verantwortlichen Erklärung des Abfallerzeugers, der Annahmeerklärung des Abfallentsorgers sowie der Entsorgungsbestätigung der für die Entsorgungsanlage zuständigen Behörde. Durch Vorlage einer Ablichtung des Entsorgungsnachweises bei der zuständigen Behörde ist die Anzeigepflicht nach § 11 Abs. 3 Satz 2 AbG erfüllt, derzufolge der Betreiber einer Anlage, in der Abfälle im Sinne des § 2 Abs. 2 anfallen, verpflichtet ist, der zuständigen Behörde anzuzeigen, daß bei ihm Abfälle der genannten Art anfallen (§ 8 Abs. 3 AbfRestÜberwV).

Die Handhabung des Entsorgungsnachweises schildert im einzelnen § 9 der Verordnung. Danach hat der Abfallerzeuger den Teil „verantwortliche Erklärung" des Entsorgungsnachweises auszufüllen und dem Abfallentsorger zuzuleiten. Der Abfallentsorger hat die Teile „verantwortliche Erklärung" und die von ihm auszustellende „Annahmeerklärung" der für die Entsorgungsanlage zuständigen Behörde zuzuleiten. Im Falle der Zulässigkeit der Entsorgung übersendet die für die Entsorgungsanlage zuständige Behörde das Original des Entsorgungsnachweises dem Abfallentsorger. Der Abfallentsorger hat vom Original des Entsorgungsnachweises eine Ablichtung für sich zu fertigen und dem Abfallerzeuger das Original des Entsorgungsnachweises zuzuleiten. Das Original des Entsorgungsnachweises verbleibt beim Abfallerzeuger. Der Abfallerzeuger hat dem Abfallbeförderer Ablichtungen des Entsorgungsnachweises zu übergeben; für die Entsorgungsnachweise ist ein Nachweisbuch zu führen.

Das der Nachweisführung über entsorgte Abfälle dienende Begleitscheinverfahren wird in der AbfRestÜberwV so detailliert vorgegeben, daß eine umfassende Darstellung den vorgegebenen Rahmen dieser Abhandlung sprengen würde.

Nicht zuletzt um eine Einhaltung der für die Entsorgung von Abfällen geltenden Gesetze und Rechtsverordnungen sowie der aufgrund dieser Vorschriften erlassenen Anordnungen, Bedingungen und Auflagen zu gewährleisten, verpflichtet § 11 a Abs. 1 Satz 2 AbG die Betreiber von

Anlagen, in denen regelmäßig Abfälle im Sinne des § 2 Abs. 2 AbG anfallen, zur Bestellung eines Betriebsbeauftragten für Abfall. Das Nähere regelt die Verordnung über Betriebsbeauftragte für Abfall (AbfBetrBV) vom 26. 10. 1977. § 1 Abs. 2 Nr. 7 begründet eine Bestellungspflicht für den Betreiber von Krankenhäusern und Kliniken. Im Grundsatz geht die Verordnung davon aus, daß es sich bei dem Betriebsbeauftragten für Abfall um einen Betriebsangehörigen handelt; gemäß § 4 der Verordnung kann jedoch die Behörde auch die Bestellung eines externen Beauftragten genehmigen. Seine Aufgaben sind im Katalog des § 11 b AbfG näher aufgeführt und lassen sich in eine Informations-, Überwachungs- und Berichtspflicht gliedern. Der Abfallbeauftragte informiert über die im Betrieb vom Abfall ausgehenden Gefahren und ihre Verhinderung, überwacht die Abfallentstehung und die ordnungsgemäße Abfallentsorgung und hat jährlich dem Betreiber über die getroffenen und beabsichtigten Maßnahmen zu berichten.

Das Abfallgesetz sanktioniert in § 18 eine Reihe von Verstößen gegen Ge- oder Verbote des Abfallgesetzes als Ordnungswidrigkeit. Als für die Abfallentsorgung im Krankenhaus besonders bedeutsame Bußgeldtatbestände sind hervorzuheben die Abgabe von Sonderabfällen entgegen der Vorschrift des § 4 Absatz 3 (§ 18 Absatz 1 Nummer 2), die unterlassene Führung von Nachweisbüchern entgegen § 11 Absatz 2 (Nummer 6), die entgegen § 11 a Absatz 1 unterbliebene Bestellung eines Abfallbeauftragten (Nummer 8a) sowie die Zuwiderhandlung gegen eine aufgrund des Abfallgesetzes ergangene Rechtsverordnung, soweit diese für einen bestimmten Tatbestand auf § 18 AbfG verweist (Nummer 11).

Unberührt von den genannten straf- und ordnungswidrigkeitenrechtlichen Sanktionen ist selbstverständlich die Möglichkeit einer zivilrechtlichen Haftung gegeben.

§ 823 Absatz 1 BGB als die zentrale deliktsrechtliche Haftungsvorschrift knüpft die Verpflichtung zum Schadensersatz, die sowohl das Krankenhaus selbst als auch seine Mitarbeiter treffen kann, an eine vorsätzliche oder fahrlässige Verletzung insbesondere der körperlichen Unversehrtheit oder des Eigentums Dritter. Das Krankenhaus hat für das fehlerhafte Verhalten der dort Beschäftigten nicht nur dann einzustehen, wenn seine Organe den Haftungstatbestand verwirklicht haben,

sondern auch bei unerlaubten Handlungen des übrigen Personals,
soweit der Träger nicht nachweisen kann, daß dieses in der erforderlichen Weise ausgewählt und überwacht wurde (vgl. § 831 Absatz 1
Satz 1 BGB). An diesen „Entlastungsbeweis" stellt die Rechtsprechung
allerdings zunehmend höhere Anforderungen und bejaht eine Haftung
unmittelbar aus § 823 insbesondere dann, wenn Organisationsfehler
bei der Anleitung oder Kontrolle der Hilfspersonen unterlaufen sind.

Diese strenge Haftung beruht auf dem Gedanken, daß derjenige, der
durch die Aufnahme eines Betriebes Gefahrenquellen schafft, die
notwendigen Vorkehrungen zum Schutze Dritter treffen muß (sog.
Verkehrssicherungspflicht).

Eine Ausweitung erfährt das soeben skizzierte Haftungspotential
durch Absatz 2 des § 823 BGB, der eine Haftung im Gegensatz zu
Absatz 1 nicht an die Verletzung eines der dort genannten Rechtsgüter
knüpft, sondern lediglich die wenigstens fahrlässige Verletzung einer
dem Schutze Dritter dienenden Rechtsnorm voraussetzt und so auch
sogenannte reine Vermögensschäden ersatzpflichtig werden läßt. Ein
solcher Schutzgesetzcharakter ist einer Norm bereits dann zuzuspre-
chen, wenn ihr Inhalt in Formen Ge- oder Verboten wenigstens auch
einem gezielten Individualzweck dient und gegen eine näher bestimmte
Art der Schädigung eines im Gesetz festgelegten Individualinteresses
gerichtet ist. Soweit also den vorstehend genannten Normen des
Strafrechts und des öffentlichen Rechts nach dieser Definition Schutzgesetzcharakter zukommt, lösen Schädigungen der geschützten Inter-
essen zugleich Schadensersatzansprüche aus, die bei einer Verletzung der körperlichen Unversehrtheit einhergehen können mit Schmer-
zensgeldansprüchen gemäß § 847 BGB.

8 Umsetzung des Umweltschutzgedankens im Krankenhaus

In den vorausgegangenen Kapiteln wurde allgemein aufgezeigt, wo die umweltrelevanten Probleme liegen und mit welchen Produkten, Technologien und Methoden Beiträge für ein umweltverträgliches Krankenhaus erbracht werden können.

Die Befragung „Umweltschutz im Krankenhaus" zeigt die große Bereitschaft, aktiv daran mitzuwirken und den Umweltschutzgedanken im Krankenhaus weiter zu festigen.

Die Mittel und der Wille zur Veränderung sind vorhanden. Was oft noch fehlt, ist das gemeinsame Handeln.

Das Ziel „Wir wollen ein umweltverträgliches Krankenhaus werden", muß von der gesamten Krankenhausbelegschaft angestrebt werden. Es genügt nicht, wenn nur in einigen Funktionsbereichen oder besonders kritischen Abteilungen aktiver Umweltschutz betrieben wird, andere Abteilungen sich aber passiv verhalten.

Umweltschutzorientiertes Krankenhausmanagement ist eine Herausforderung, die alle angeht.

Aufgabe der Krankenhausleitung ist es,
- Interesse bei möglichst allen Mitarbeitern zu wecken,
- über Umfang und Auswirkungen der vom Krankenhaus ausgehenden Belastungen zu informieren,
- Voraussetzungen für Veränderungen zu schaffen,
- Mittel bereitzustellen, um umweltfreundliches Arbeiten im Krankenhaus lernbar und praktizierbar zu machen.

Wir wollen uns umweltverträglich (umweltschonend) verhalten:

Von der Einsicht zur Umsetzung

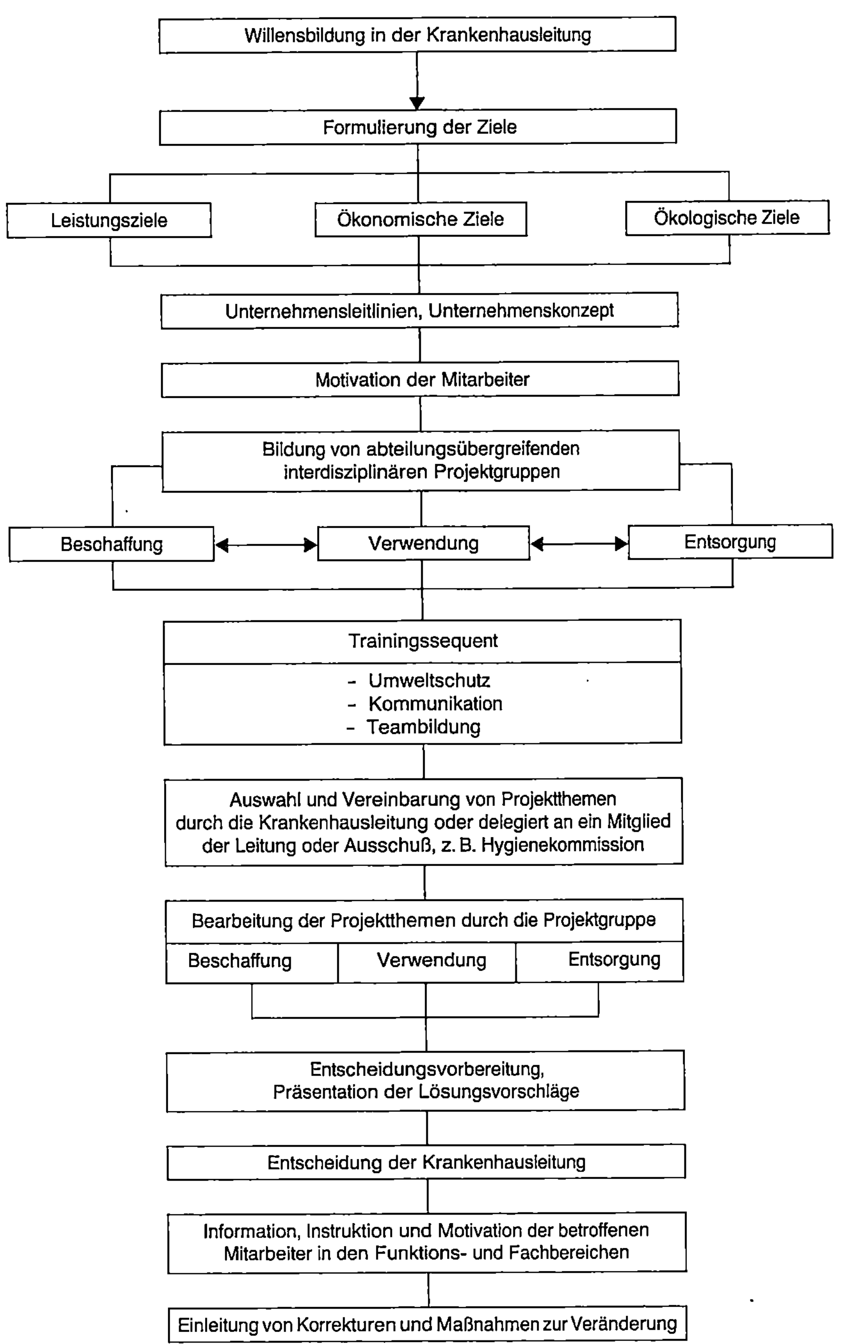

8.1 Vom Durchsetzen zum Umsetzen

Aktiver Umweltschutz erfordert in der Regel eine Verhaltensänderung im täglichen Arbeiten, den Einsatz anderer Mittel und die Umstellung von Verfahren und Technologien. Es sind deshalb andere Wege zu beschreiten als traditionell gewohnt, um Entwicklungen zu umweltfreundlichem Verhalten einzuleiten.

Dieser Weg zu neuen Traditionen ist die eigentliche Herausforderung im Umweltschutz, auch im Krankenhaus.[1]

Doch dieser Weg ist nicht ohne Hindernisse, da er in diesem Ausmaß für alle neu ist. Denk- und Lernprozesse, die zum Erkennen größerer Zusammenhänge und zur systematischen Problemlösung führen, sind einzuleiten und dauerhaft fortzusetzen.

Gewohnte Befehlsorganisationen (Durchsetzungskultur und Führung von „oben" durch Druck) sind keine geeigneten Umgebungen, Impulse zu setzen und Motivation für umweltorientiertes Verhalten zu erzeugen. Verhaltensänderungen bedürfen der inneren Überzeugung und freiwilligen Bereitschaft. Aktiver Umweltschutz im Krankenhaus sollte nicht „durchgesetzt", sondern gemeinsam beschlossen und umgesetzt werden.

Umsetzung in diesem Sinne erfordert
- interdisziplinäre Zusammenarbeit,
- Lernen und Kommunizieren,
- ganzheitliches Denken und Handeln.

8.2 Ganzheitliches Umweltschutzmanagement im Krankenhaus

Um das Ziel, „Wir wollen ein umweltverträgliches Krankenhaus werden", zu erreichen und längerfristig zu sichern, ist eine systematische mehrstufige Vorgehensweise zu empfehlen.

---

[1] Krieg B, Buchser B (1988) Der Weg zu neuen Traditionen. Buchverlag Basler Zeitung (Brockhaus in Kommission), Stuttgart.

Stufe 1 – Willensbildung und Zielsetzung:

Der Start zum Ziel, „Wir wollen ein umweltverträgliches Krankenhaus werden", beginnt mit

- Erkenntnis über die Notwendigkeit zum Handeln,
- Bereitschaft, Veränderungen herbeizuführen,
- Übernahme des Umweltschutzgedankens in die Leitlinien des Krankenhauses,
- Festlegung personeller, finanzieller und organisatorischer Rahmenbedingungen.

Stufe 2 – Strategien und Maßnahmen zur Zielerreichung:

Nach Verankerung des Umweltschutzgedankens in die Leitlinien des Hauses und Vorgabe von Rahmenbedingungen zur Organisation erfolgt die Entwicklung von Strategien und Bedingungen zur Umsetzung erforderlicher Maßnahmen.

Dazu gehören

- Information aller Mitarbeiter des Hauses über Motive, Ziele und Rahmenbedingungen,
- Bildung von interdisziplinären und abteilungsübergreifenden Projektgruppen,
- Vorbereitung der Projektgruppen auf ihre Aufgaben durch Information und Schulung mit den Lernzielen:
  - den Wissensstand über die Möglichkeiten des Umweltschutzes zu erhöhen und
  - die Fähigkeiten zur Kommunikation und Teambildung zu verbessern,
- Suche und Vereinbarung von zielorientierten Projektaufgaben und ihre Bearbeitung in den Teams,
- Erarbeitung von Entscheidungsvorlagen mit Lösungsvorschlägen und ihre Präsentation vor der Klinikleitung,
- Einleitung, Umsetzung konkreter Maßnahmen, Betreuung der davon berührten Leistungsbereiche sowie Erfassung der erzielten Verbesserungen,
- Information und Motivation der Betroffenen in den verschiedenen Funktionsbereichen, aktiven Umweltschutz selbständig weiterzutreiben.

Was in der Industrie, vorwiegend in der chemischen und pharmazeutischen Industrie, schon lange üblich ist, kann angepaßt auch auf den Umweltschutzgedanken im Krankenhaus angewandt werden, da im weitesten Sinne die meisten Stoffe, die zu entsorgen sind, aus der obengenannten Industriebranche stammen.

Der Umgang mit chemisch-pharmazeutischen Stoffen bedingt ein sorgfältiges Verhalten, das beim Krankenhauspersonal eigentlich schon eingeübt ist. Deshalb sollte das Bewußtsein auch für die zu entsorgenden Abfälle geweckt werden können. Anders ausgedrückt: Im ersten Falle ist es der Patient „Mensch", den es zu versorgen, zu pflegen und zu heilen gilt, und im zweiten Fall ist es der Patient „Umwelt", der zu schonen, zu schützen und letztlich ebenfalls zu heilen ist. Die Analogie ist naheliegend und sollte deshalb die Möglichkeit einschließen, daß Stoffe (auch Abfälle), die im Krankenhaus benötigt werden oder entstehen, entsprechend sorgfältig gehandhabt, getrennt, behandelt und entsorgt werden.

Wie soll also ein entsprechendes „Lernprogramm" aussehen?

Eine „Handvoll" Fachkräfte, die sich für das Umweltschutzthema im Krankenhaus engagieren wollen, ist in didaktisch-methodischer Hinsicht auszubilden. Lernprogramme dieser Art könnten entwickelt werden, müßten allerdings kostenmäßig auf mehrere Krankenhäuser oder auf die öffentliche Hand übertragen werden.

Die so ausgebildeten Umweltschutzberater könnten ihrerseits das Krankenhauspersonal den Umweltschutz- und Verhaltenslernzielen entsprechend ausbilden, beraten und bei den Umsetzungen betreuen.

Die „Lernmethode", die dabei angewandt werden könnte, wäre so zu gestalten, daß sich Theorie und Praxis ergänzen und die Umsetzung ermöglichen.

Folgendes Vorgehen hat sich dabei in der Praxis bewährt:

1) Ein oder zwei ausgebildete krankenhausinterne Umweltschutzberater trainieren eine interdisziplinär zusammengesetzte Mitarbeitergruppe von 10 bis 20 Personen. Dabei wird mit einer Standortbestimmung (Dauer ca. 3 Stunden) über das Thema begonnen und anschließend konzeptionell verarbeitet.

2) Aufgrund dieser „Bedarfsabklärung" und konzeptionellen Verarbeitung kann ein „maßgeschneidertes" Training in Kombination mit Projektarbeiten zum Thema „Umweltschutz" folgen.
Durch die Wechselbeziehung „Kommunikation – Umweltschutz" entsteht ein Bewußtsein am Arbeitsplatz und überträgt sich letztlich auch auf die Mitarbeiter, die nicht (noch nicht) am Training teilnehmen.

3) Aus der Trainingsgruppe entstandene Arbeitsteams bearbeiten Teilthemen zum Umweltschutz im Krankenhaus, indem sie diese Realsituationen analysieren und nach Verbesserungen suchen. In dieser Zwischenphase werden die Teilnehmer von Umweltschutzberatern bei Bedarf betreut.

4) Die gefundenen Lösungen werden für eine Präsentation vor einem entsprechenden Entscheidungs- und Umsetzungsgremium aufbereitet und anschließend vorgestellt.

5) Die Umsetzung der beschlossenen Maßnahmen wird durch die Umweltschutzberater veranlaßt und durch die einzelnen Teammitglieder überwacht.

6) Das Training kann in der oben beschriebenen Form mit anderen Mitarbeitern wiederholt oder als Fortsetzung für die bereits in einer ersten Phase Ausgebildeten vertieft werden.

Mit diesem Vorgehen wird erreicht, daß mit der Zeit durch den Impuls einzelner (dank des interdisziplinären Ansatzes) Keimzellen in allen Abteilungen gebildet werden und sich der Umweltschutzgedanke weiterentwickelt. Zusätzlich werden aktuelle Situationen aufgenommen und durch pragmatische Lösungen beseitigt. Erfolge stimulieren die Fortsetzung und fördern die Integration.

Das Krankenhausmanagement muß sich aber bewußt sein, daß mit solchen Maßnahmen nicht nur Umweltschutzthemen bearbeitet werden können, sondern praktisch alle den Menschen und den Arbeitsplatz betreffende Themen. Kritische (mündige) Mitarbeiter sind ein Resultat solcher Prozesse, da diese aufmerksam und verantwortungsbewußt gegenüber dem gesamten Umfeld werden. Doch wenn Umweltschutz ernsthaft auch im Krankenhaus betrieben werden soll oder besser: muß, so ist dies „nur" mit verantwortungsbewußten, kritisch denkenden Menschen machbar.

9 Einige ausgewählte Problemkreise einer ganzheitlichen Risikoanalyse*

9.1 Vorbemerkungen

Das Ergebnis der in Kap. 3 dargestellten Krankenhausumfrage zeigt, daß nur 40% der Befragten eine Risikoanalyse in ihrem Haus vornehmen und dessen Risiken vorwiegend in dem menschlichen Tun betrachtet werden. Aus Schadensstatistiken weiß man, daß gerade Krankenhäuser vielfach wegen der Bausubstanz und technischen Gegebenheiten ein erhebliches Risikopotential aufweisen. Zwischen diesen aus Sicherheitsstudien gewonnenen Erfahrungen und dem Risikobewußtsein der Verantwortlichen besteht eine Diskrepanz. Das Risikobewußtsein der Verantwortlichen bleibt hinter dem tatsächlichen Risikopotential zurück mit der Konsequenz, daß die einschlägigen Haftungsfragen kaum geläufig sind.

Eine an bestimmten Schwerpunkten orientierte, umweltgerechte Problembewältigung, wie sie in dieser Publikation behandelt wird, bildet nur einen Ausschnitt eines ganzheitlichen Umweltrisikomanagements des Unternehmens Krankenhaus. Ein darüber hinausgehendes, umfassendes Risikomanagement bedarf weiterer Analyse zur Bewältigung der vielfältigen Risikopotentiale, welche sich im Krankenhaus für die Umwelt und insbesondere für Patienten und Personal verwirklichen können (Abb. 8).

---

* Dieser Beitrag wurde von Herrn Dr. med. Sumi Hartono-Lim und Herrn Ass. jur. Thomas Friedenstab, Gerling-Consulting-Gruppe, Köln, verfaßt.

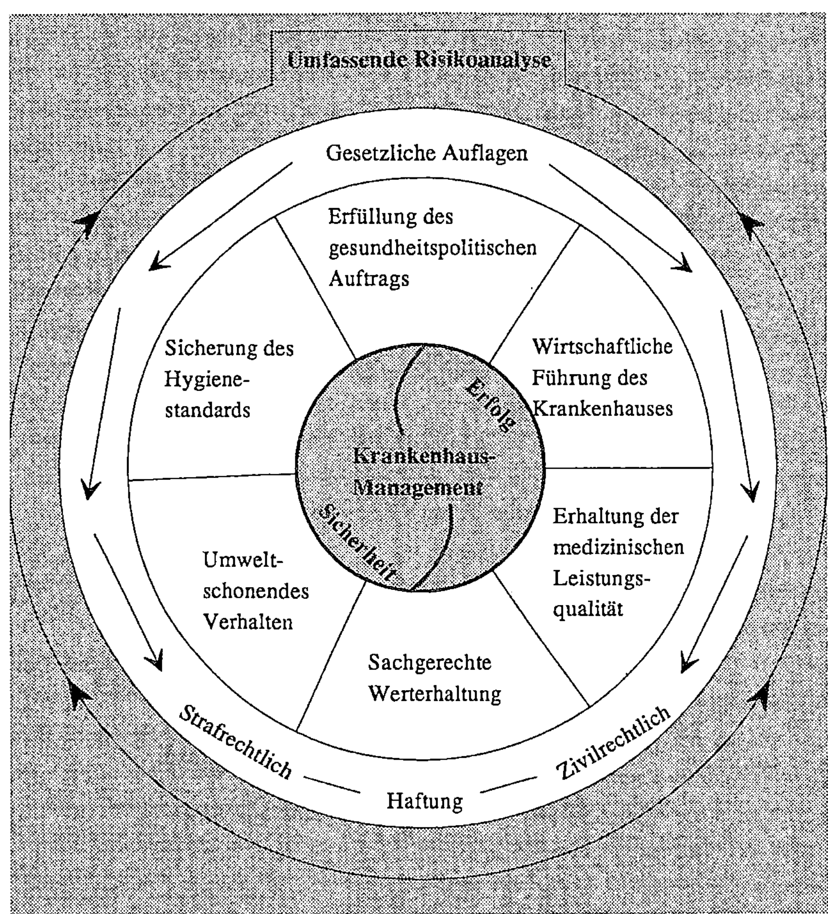

Abb. 8. Umfassende Risikoanalyse des Krankenhausmanagements (Gerling Welt Institut)

Der hier zugrundeliegende ganzheitliche Gedanke in bezug auf „Umweltsicherheit" soll durch das nachfolgende Beispiel transparent gemacht werden:

Von der radiologischen Abteilung eines Krankenhauses wurden zum Zweck des Recyclings von Fixier- und Entwicklungsflüssigkeit große Tanks im Keller der Lüftungszentrale installiert.

Abgesehen davon, daß eine Entleerung sehr umständlich war, schien kein Grund für eine Beanstandung vorzuliegen.

Eine ganzheitlich ausgerichtete Sicherheitsanalyse ergab jedoch
folgende Mängel:
- Die Tanks waren nicht überfüllungssicher ausgestattet.
- Eine Aufstellung in den Räumen der Lüftungszentrale konnte aus
  Sicht des Personenschutzes nicht befürwortet werden. Im Falle
  eines Austretens von Chemikalien entstehen Emissionen (Verdampf-
  ung), die über die Lüftungskanäle in die Patientenzimmer, Funk-
  tionsräume und Arbeitszimmer gelangen können und so zu Belastungen der dort befindlichen Personen führen.

Eine umfassende Risikoanalyse erfordert Erfahrung und den Wissens-
austausch verschiedener Disziplinen. Nicht in jedem Krankenhaus sind
das dazu erforderliche Fachwissen und die spezifische Erfahrung
vorhanden.

In solchen Situationen soll ein externes Beraterteam, wie es von
GRIPS[1] in seinem Programm „Sicherheits-Consulting für Krankenhäuser" angeboten wird, hinzugezogen werden:

Auf eine systematisierte Vorgehensweise wird dabei besonderen
Wert gelegt. Dabei sind Unterlagen zur Datenaufnahme seitens des
Krankenhausträgers vorzubereiten; es zählen hierzu u. a. Übersicht
über die Organisation, Entsorgungspläne, Muster des Krankenhausauf-
nahmevertrages etc. Im weiteren wird aufgrund der Aktenaufarbeitung,
der Gespräche und der kurzen Datenaufnahme vor Ort eine kurzgefaß-
te Orientierungsstudie angefertigt, die Gegenstand einer Zwischenbe-
sprechung sein soll. Danach werden Kriterien für eine schwerpunktmä-
ßig in die Tiefe gehende Datenaufnahme festgelegt, deren Daten in eine
Risikostudie aufgearbeitet werden. Bei der Datenaufnahme sind die im
folgenden exemplarisch aufgezählten Punkte gemäß einer „Checkliste"
abzuarbeiten. Durchgeführte Analysen bestätigen die Erfahrung, daß
systematisierte, jeden Verantwortungsträger im Krankenhaus einbezie-
hende Fragen unerläßlich sind.

In der Risikobetrachtung spielt der Mensch neben den technischen Gegebenheiten eine zentrale Rolle.

Eines der Hauptziele einer Risikoanalyse sollte deshalb die Sensibilisierung des Risikobewußtseins aller Beteiligten sein.

Eine bewährte Methode, dieses Risikobewußtsein zu wecken und wachzuhalten, ist der regelmäßige Risikocheck.

Nachfolgend finden sich ein kleiner Auszug aus Checklisten für eine Risikoanalyse zur Erfassung allgemeiner und Umweltrisiken sowie einige Darstellungen der Problematik.

9.2.1 Checkliste Klinikleitung

Ist eine Sicherheitspolitik im Unternehmensgrundsatz definiert?

Einer umweltbewußten Unternehmensführung stellt sich in neuerer Zeit neben den auf die traditionellen Leistungen gerichteten Ansprüchen die neue Aufgabe, einen Beitrag zur Erhaltung bzw. Sanierung der natürlichen Lebensgrundlagen zu entwickeln.

Dieser Herausforderung ist das Krankenhaus nur gewachsen, wenn es seine Tätigkeit am Umweltgedanken ausrichtet. Dies bedeutet mehr, als nur die Gesetze zu befolgen; erforderlich ist darüber hinaus ein ganzheitliches, umweltbewußtes Management, welches bestrebt ist, alle Funktionsbereiche des Unternehmens so zu führen, daß sein Erfolg gewahrt und gesteigert und zugleich der Umweltschutz gefördert wird.

Umweltgerechte Krankenhausführung ist nicht von heute auf morgen realisierbar. Erforderlich ist ein zielgerichtetes Handeln über eine längere Zeit. Unter Berücksichtigung des hinzugekommenen Unternehmenszieles bedarf es der Entwicklung einer Unternehmensstrategie, die den unverzichtbar gewordenen Umweltschutz explizit in ihre Zielsetzung aufnimmt und dies nach innen und außen deutlich macht.

Mit schriftlich niedergelegten Sicherheitsgrundsätzen stellt sich das Krankenhaus wie jedes Unternehmen nach innen und außen dar, allerdings nicht im Sinne eines Marketinginstrumentes, sondern um das

Umweltschutzziel einer mittel- und langfristigen Strategie zugrunde zu
legen. Bestandteil dieser Strategie sollte sein: Beschreibung der
Grundlagen des Unternehmens, Charakterisierung des Krankenhaus-
betriebes, seine Tradition und Zukunft, Verhaltensgrundsätze für Mitarbeiter sowie eine Rahmenbeschreibung der gegenwärtigen und zu-
künftigen Unternehmenspolitik.

Wie realisiert sich die Sicherheitspolitik in der Organisation?

Eine durchdachte Sicherheitspolitik bleibt so lange unverbindlich, wie
sie nicht in der Organisation des Betriebes zum Ausdruck kommt. In
neuerer Zeit reift mehr und mehr die Erkenntnis, daß gleichberechtigt
neben den althergebrachten Risikopotentialen Mensch und Technik die
Organisation steht. Dies gilt um so mehr, je komplexer sich Arbeits- und
Funktionsabläufe gestalten, ein Phänomen, welches am Beispiel des
Krankenhauses besonders deutlich wird. Die Vielschichtigkeit der sich
dort stellenden Probleme kann nur mittels einer Organisation bewältigt
werden, deren Funktionsabläufe lückenlos ineinandergreifen.
    Als Eckpfeiler einer effizienten Organisation im Dienste des Umwelt-
schutzes lassen sich ausmachen: die Bestellung eines Mitglieds der
Geschäftsführung für den Aufgabenbereich Umweltschutz, die Unterstützung der Beauftragten sowie die Schaffung motivierender Arbeits-
strukturen für die übrigen Mitarbeiter. Besonderes Augenmerk verdient
eine regelmäßige und ausreichende Überwachung derjenigen Funk-
tionsträger, denen Teilaufgaben übertragen worden sind, aber auch
eine Konzeption, welche den erforderlichen Informationsfluß und eine
bereichsübergreifende Kooperation gewährleistet.
    Erfüllt der Träger des Krankenhauses diese Organisationspflicht nur
unzureichend, begründet der daraus resultierende Organisationsman-
gel ein Organisationsverschulden mit der Folge, daß er sich im Falle
einer darauf zurückzuführenden Schädigung Dritter sowohl in der zivil-
als auch in der strafrechtlichen Verantwortung befindet.

Gibt es eine Risikoanalyse vor Ort?
Wenn ja, wann wurde sie zuletzt durchgeführt?

Kein Risiko ist wie ein anderes beschaffen. Wer es in den Griff bekommen will, muß es zunächst in allen seinen Besonderheiten vor Ort erkennen und analysieren. Betriebliche Risiken sind aufgrund der Vielschichtigkeit der sie bestimmenden Einflüsse potentiell ständig Veränderungen unterworfen.

Was heute noch dem Stand der Technik entspricht, hinkt morgen schon der neuesten Entwicklung hinterher. Was gestern noch als ungefährlich erschien, offenbart sich heute als schadensvirulent. Nur ein dynamisches Risikoverhältnis wird einer Realität der permanenten Veränderung gerecht.

Für die Risikoanalyse bedeutet dies, daß sie in regelmäßigen Abständen durchzuführen ist, um fortlaufend die zur Gefahrenbewältigung eingesetzten Strategien mit dem aktuellen Risikostand zu vergleichen und gegebenenfalls zu verändern. Zur Bewältigung dieser Aufgabe bietet sich die Hinzuziehung eines externen Beratungsinstitutes an, um das Risiko in seiner gesamten Komplexität erkennen zu können und der Gefahr einer Betriebsblindheit zu entgehen.

Wie werden Sicherheitsziele definiert?
- Nach behördlicher Auflage,
- nach berufsgenossenschaftlicher Auflage,
- nach Unfallverhütungsvorschriften,
- nach dem neuesten Stand der Technik und Wissenschaft?

Wie wird die Erfüllung der Sicherheitsziele kontrolliert?

Was ist das Konzept zur Risikobewältigung?

Steht ein festes Budget zur Risikobewältigung zur Verfügung?

Wie wird es festgelegt?

9.2.2 Checkliste Betriebsablauf

Die auszugsweisen Erläuterungen der umweltrelevanten Risiken im Betriebsablauf lassen sich in den Bereichen

- Versorgungssystem,
- Hygiene,
- Abwässer/Emission und
- Gewässerschaden

darstellen.

Versorgungssystem

Ist ein Störfallplan vorgesehen?

Eine Analyse des Zustandes des techischen Versorgungssystems darf sich nicht auf die Überprüfung des störungsfreien Funktionsablaufs im Normalfall beschränken. Seine Bewährungsprobe erfährt es vielmehr im Falle einer Störung. Um diese Probe zu bestehen, muß eine Vielzahl von störenden Einflüssen antizipiert und in ihren Interdependenzen bedacht und ausgewertet werden.

Eine erfolgreiche und wirksame Schadensbegrenzung verlangt ein umfassendes Abwehrkonzept im Gefahrenfall, um rasche Abhilfe zu schaffen und das Ausmaß bereits eingetretener Schäden auf ein Minimum zu begrenzen und so den Funktionsmechanismus insgesamt intakt zu halten. Effektive Schadensbegrenzung wird allerdings nur dann erzielt werden, wenn der Störfallplan den maßgeblichen Mitarbeitern bekannt gemacht und die erforderlichen Maßnahmen mit ihnen eingeübt wurden.

Ist im Falle eines Störfalls eine unmittelbare Beeinflussung auf andere Versorgungsmedien möglich?

Ist ein Umweltschaden aufgrund der eingesetzten Mittel im Versorgungssystem möglich?

Was für Maßnahmen sind vorgesehen, um den Schaden klein zu halten?

Welche Schadenspotentiale sind in diesem Sektor vorhanden?

„Wie krank macht das Krankenhaus?" lautete vor einigen Jahren die provokante Fragestellung eines Nachrichtenmagazins und machte mit einem Schlag auch einer breiten Öffentlichkeit deutlich, daß das Krankenhaus nicht nur ein Ort der Heilung und Genesung ist, sondern zugleich eine Gefahrenquelle für Patienten und Personal darstellen kann.

Wer diese Gefahr buchstäblich im Keim ersticken will, muß sich zunächst Klarheit über die auf diesem Gebiet vorhandenen Schadenspotentiale schaffen. Aufgrund ihrer Komplexität bedarf es nach einer solchen Stoffsammlung einer sorgfältigen Analyse der Gefahrenherde und einer daraus hervorgehenden Konzeption im Sinne einer ganzheitlichen Bewältigung der Problematik. Besonderes Augenmerk verdient hier die Organisation des mit der Desinfektion beauftragten Personals und dessen regelmäßige Kontrolle.

Wird die Einsatzkonzentration der Desinfektionsmittel regelmäßig kontrolliert?

Um eine optimale Wirkung der eingesetzten Desinfektionsmittel zu erzielen, bedarf es der genauen Bestimmung von Konzentration und Wirkungsdauer. Nur so kann vermieden werden, daß die Mittel nicht bzw. nicht rechtzeitig wirken oder aufgrund zu hoher Konzentration schädliche Nebenwirkungen herbeiführen bzw. die Umwelt unnötig belasten.

Bestandteil einer dies berücksichtigenden, regelmäßigen Kontrolle muß darüber hinaus die Organisation der für den Einsatz von Desinfektionsmitteln zuständigen Mitarbeiter sein. Gerade im 24-Stunden-Betrieb müssen Information und Abstimmung untereinander reibungslos funktionieren. Dabei wird die Intensität und Häufigkeit von Kontrollen der Bedeutung der gefährdeten Rechtsgüter Leben und Gesundheit Rechnung zu tragen haben.

Wird die Einsatzkonzentration regelmäßig kontrolliert?

Ist sichergestellt, daß aus den Dosiergeräten kein Desinfektionsmittel in die frischwasserführenden Systeme gelangt?

Sind die Desinfektionsmittel sicher gelagert, so daß keine Gefahr für die Abwasserentsorgung besteht?

Wird die Sterilisation von infektiösen Abfällen regelmäßig auf ihre Wirksamkeit überprüft?

Emission/Abwasser

Sind alle in der Klinik eingesetzten Stoffe nach Art, Menge, Verpackung, Gefahrenklasse usw. erfaßt (auch nur zeitweise verwendete)?

Die Gefahrstoffverordnung vom 26. 8. 1986 ist in ein betriebliches Konzept der Risikobewältigung mit einzubeziehen. § 17 der Verordnung trifft folgende Kernaussage: „Der Arbeitgeber hat zum Schutze des menschlichen Lebens, der menschlichen Gesundheit und der Umwelt die erforderlichen Maßnahmen zu treffen."

Die hier angesprochene Schutzpflicht geht einher mit einer entsprechenden Ermittlungspflicht; der Arbeitgeber hat sich zunächst zu vergewissern, ob es sich bei den im Betrieb verwendeten Arbeitsstoffen um Gefahrstoffe handelt. Weitere Bestandteile der Ermittlungspflicht sind die Prüfung und Kennzeichnung der verwendeten Gefahrstoffe sowie die Überwachung von MAK-, TRK- und BAT-Werten, die stets dann erforderlich wird, wenn die Überschreitung dieser Werte nicht ausgeschlossen werden kann.

Um seiner allgemeinen Schutzpflicht zu genügen, muß der Arbeitgeber ferner für die in seinem Betrieb verwendeten Gefahrstoffe eine Betriebsanweisung ausarbeiten und die betroffenen Arbeitnehmer entsprechend unterrichten. Der Schutz der Mitarbeiter wird ergänzt durch ein für diese anzulegendes Exponiertenblatt, um Fragen bezüglich eventueller Berufskrankheiten beantworten zu können. Eine Reihe von Verstößen gegen die auf der Grundlage des Chemikaliengesetzes ergangene Gefahrstoffverordnung wird als Ordnungswidrigkeit geahndet.

Gehen vom Krankenhaus Daueremissionen aus?

Kann es durch Betriebsstörungen zu Emissionen oder anderen die Umwelt belastenden Folgeerscheinungen kommen?

Kann es insbesondere zu Schäden durch Austreten von Gasen, Dämpfen, Krankheitserregern und dergleichen kommen?

Hat es bereits Störungen/Schäden gegeben?

Können durch Unfall oder betriebsbedingte Vorgänge Stoffe in betriebliche oder andere Entwässerungssysteme gelangen?

Gewässerschadeneinwirkungsrisiko

§ 22 des Wasserhaushaltsgesetzes als die zentrale zivilrechtliche Haftungsvorschrift des Wasserrechtes begründet eine der Höhe nach unbegrenzte verschuldensunabhängige Haftung (Gefährdungshaftung) desjenigen, der auf ein Gewässer – dieses kann auch das Grundwasser sein – derart einwirkt, daß dessen Beschaffenheit verändert wird, oder desjenigen, der Inhaber einer Anlage ist, die gewässerschädliche Stoffe beinhaltet, und diese Anlage ein Gewässer verändert.

Eine Haftung besteht immer dann, wenn aufgrund einer Gewässerveränderung einem Dritten ein Schaden entstanden ist. Im Interesse eines möglichst umfassenden Gewässerschutzes wird die ohnehin schon weitreichende Haftungsnorm von der Rechtsprechung im Wege der Auslegung erweitert.

Unter den Anlagenbegriff fällt nahezu jedes Behältnis mit wassergefährdenden Stoffen; es bedarf also keineswegs einer kompletten technischen Einrichtung, um den Anlagenbegriff zu erfüllen. Zum anderen wird die Schädigung eines Dritten bereits dann angenommen, wenn dieser Aufwendungen tätigen muß, die zur Abwendung einer bei ungehindertem Fortgang mit Sicherheit anzunehmenden Gewässerschädigung erforderlich sind. Dabei wird es sich häufig um Bodensanierungsmaßnahmen handeln, die einen Finanzierungsaufwand von mehreren 100000 DM erforderlich machen können.

Zudem stellt eine bereits eingetretene oder auch nur zu erwartende Gewässerverunreinigung in der Regel eine Gefahr für die öffent-

liche Sicherheit und Ordnung dar und veranlaßt daher die Ordnungs-
behörden, dem Einwirkenden bzw. Anlageninhaber Maßnahmen zur
Abwendung dieser Gefahr aufzuerlegen. Im Falle einer verschuldeten
Verletzung von absoluten Rechten Dritter kann daneben die her-
kömmliche zivilrechtliche Haftung nach § 823 BGB angesprochen
sein.

Werden Abwässer oder andere Stoffe eingebracht und/oder eingeleitet?

Erfolgt eine sonstige Einwirkung auf ein Gewässer (z.B. Wärme-
abgabe)?

Gibt es besondere behördliche Genehmigungen, Sondergenehmigun-
gen, Auflagen oder Vereinbarungen für den Betrieb?

9.2.3 *Checkliste Brand- und Strahlenrisiken*

Sind Brandschutzeinrichtungen vorhanden (zum Beispiel Sprinkleranlagen usw.)?

Brandschutzeinrichtungen im engeren Sinne, wie Sprinkleranlagen,
CO_2-Löschanlagen oder Schaum- und Pulverlöschanlagen, sind regelmäßig zu warten und auf ihre ordnungsgemäße Funktion zu überprüfen.
In regelmäßigen Abständen sollte ferner der Frage nachgegangen
werden, inwieweit die vorhandenen Brandschutzeinrichtungen den
u.U. gewandelten sachlichen und rechtlichen Bedingungen noch
gerecht werden.

Zum Brandschutz im weiteren Sinne gehört eine Vielzahl von
Maßnahmen, deren Befolgung im Einzelfall entscheidende Bedeutung
gewinnen kann. Genannt seien hier beispielsweise ausreichend ge-
kennzeichnete und freigehaltene Fluchtwege, eine Notbeleuchtung
sowie Brandmelde- und Feueralarmanlagen.

Die Mitarbeiter sind in regelmäßigen Abständen über das Verhalten
im Brandfall zu instruieren; dies kann sinnvoll nur auf der Grundlage
eines detaillierten Alarm- und Katastrophenplans erfolgen. Eine Ausar-

beitung dieses Plans und des Katalogs der Maßnahmen im Brandfalle
sollte in Zusammenarbeit mit der örtlichen Feuerwehr erfolgen.

Sind die einzelnen Funktionsbereiche im Brandfall jederzeit zugäng-
lich?

Können auslaufendes Brandgut und/oder kontaminiertes Löschwasser
in Gewässer bzw. Grundwasser gelangen?

Wie wird mit radioaktiven Stoffen, Röntgenapparaten, Laser- und
Maserstrahlen umgegangen? Werden alle Sicherheitsvorschriften ein-
gehalten?

Ist das deckungsvorsorgefreie Strahlenrisiko bereits versichert?

9.2.4 Checkliste Sicherheitsvorkehrungen und Strafrechtsschutz

Sicherheitsvorkehrungen

Ist ein Betriebsbeauftragter/Sicherheitsbeauftragter für Umweltschutz
vorhanden?

Umweltschutzbeauftragte – zu nennen sind hier Gewässerschutzbe-
auftragte, Abfallbeauftragte und Immissionsschutzbeauftragte – sind
nach den Gesetzen zu bestellen, soweit der Krankenhausbetrieb
aufgrund dort näher genannter Besonderheiten in erheblicher Weise
auf die Umwelt einwirkt bzw. einwirken kann.
  Im Falle einer Bestellungspflicht ist die Bestellung des Beauftragten
der zuständigen Behörde anzuzeigen. Dem Beauftragten sind alle
sachlichen, persönlichen und organisatorischen Mittel in die Hand zu
geben, die für die Bewältigung seiner Aufgabe erforderlich sind.
Unterhalb der gesetzlichen Schwelle steht es dem Krankenhausträger
frei, einen oder mehrere Beauftragte für den Umweltschutz freiwillig zu
bestellen und diesen bei umweltrelevanten Maßnahmen zu Rate zu
ziehen.

Welche Sicherheitsvorkehrungen sind im einzelnen zur Vermeidung
von Umweltschäden getroffen worden?

Gibt es Umweltunfall-/Katastrophenabwehrpläne?

Sind die Betriebsgrundstücke und die erwähnten Anlagen gegen
Einwirkungen Dritter (z. B. gegen Brandstiftung, Terrorismus, Sabotage)
gesichert (z. B. ständige Bewachung, Sicherheitszaun)?

In welchem Umfang sind Umweltschäden zur Zeit versichert?

Das gesteigerte Umweltbewußtsein hat in einer Vielzahl von erst in
neuerer Zeit in Kraft getretenen Gesetzen zum Schutze der Umwelt
seinen Ausdruck gefunden. Mit dieser Entwicklung geht eine Ausweitung der zivilrechtlichen Haftung für Umweltschäden einher.

Die verschuldensunabhängige Haftung im Bereich des Wasserhaushaltsgesetzes kann dabei insoweit als richtungweisend angesehen werden, als eine solche Gefährdungshaftung auch dem demnächst
zu erwartenden Umwelthaftungsgesetz zugrunde liegt. Diese Entwicklung nimmt dem in Anspruch genommenen Betrieb den Einwand, den
Schaden nicht verschuldet zu haben, und damit eine wirksame Waffe
zur Abwehr von Haftungsansprüchen. Bereits nach geltendem Recht ist
seine Position durch von den Gerichten entwickelte Beweiserleichterungen zugunsten des Anspruchsstellers nachhaltig geschwächt und
so das Risiko einer erfolgreichen Inanspruchnahme entsprechend
erhöht worden.

Dieses Risiko läßt sich auch durch eine so sorgfältige betriebliche
Organisation nicht völlig ausschalten. Seine Realisierung bedeutet, daß
das Krankenhaus Ansprüchen ausgesetzt ist, welche schnell eine
Größenordnung von mehreren 100000 DM erreichen können. Daher ist
ein umfassendes und mit ausreichenden Deckungssummen ausgestattetes Versicherungskonzept unverzichtbarer Bestandteil der Risikobewältigungsstrategie auch und gerade des umweltbewußten Krankenhauses.

Strafrechtsschutz

Es entspricht dem gesteigerten Umweltbewußtsein, daß der Gesetzgeber in jüngerer Zeit mit den §§ 324 ff. des Strafgesetzbuches Strafnormen geschaffen hat, die an eine Verletzung oder auch nur Gefährdung der Umweltmedien anknüpfen.

Ermittlungs- oder Strafverfahren beschränken sich keineswegs auf den unmittelbar verursachenden oder beteiligten Mitarbeiter, sie können sich vielmehr auch gegen betriebliche Vorgesetzte bis hin zu den letztlich gesamtverantwortlichen Mitgliedern der Geschäftsführung richten. Das Delegieren von Verantwortung und Aufgaben bedeutet nicht gleichzeitig, daß damit auch strafrechtliche Verantwortung auf Dritte übergeht. Vielmehr bleibt die Krankenhausleitung grundsätzlich für die (mangelfreie) Organisation sowie für die Aufsicht verantwortlich.

Bei Organisationsmängeln muß sie sich ein strafrechtlich erhebliches Fehlverhalten von Mitarbeitern „zurechnen" lassen. Im Bereich der Umweltschutzstraftatbestände kommt einer solchen Zurechnung insoweit besondere Bedeutung zu, als diese Delikte auch durch Unterlassen gebotener Organisations- oder Sicherheitsmaßnahmen erfüllt werden können.

Kommt es zu einem Ermittlungsverfahren, so ist es aufgrund der komplizierten Rechtsmaterie häufig erforderlich, jedem Beschuldigten einen versierten Fachanwalt zur Seite zu stellen. Dabei wird sich eine optimale Verteidigungsstrategie nur unter Hinzuziehung eines Gutachters aufbauen lassen, um so bereits im Vorfeld eines Strafprozesses den technisch-naturwissenschaftlichen Sachverhalt aufzuarbeiten und gegebenenfalls Beweise zu sichern.

Kommt es zu einer Einstellung des Strafverfahrens, so hat der Beschuldigte keinen Anspruch auf Ersatz der Aufwendungen, die ihm durch die Beauftragung der genannten Personen entstanden sind. Eine private Rechtsschutzversicherung zahlt weder die Kosten des eigenen Sachverständigen noch die sich regelmäßig auf ein Mehrfaches des in der Rechtsanwaltsgebührenordnung festgelegten Satzes belaufenden Gebühren des Strafverteidigers.

Eine Strafrechtsschutzversicherung, die mit ihren speziellen Erweiterungen nur von einigen wenigen Rechtsschutzversicherern geboten wird und die die auf das jeweilige Unternehmen zugeschnittenen Wünsche berücksichtigt, bietet eine umfassende Bewältigung der angesprochenen Kostenprobleme. Versichert werden dabei grundsätzlich alle Mitarbeiter des Krankenhauses mit speziellen Deckungserweiterungen für die Krankenhausleitung und die Beauftragten.

9.3 Schlußwort

Diese Auswahl von Fragen und Problemkomplexen vermag nur schlaglichtartig die Vielschichtigkeit der im Spannungsfeld Krankenhaus – Umwelt auftretenden Probleme zu beleuchten. Diese zeichnen sich vielfach durch interdisziplinäre Verzahnung aus und können daher umfassend nur von einem Spezialistenteam, wie es beispielsweise von GRIPS in seinem Programm „Sicherheits-Consulting für Krankenhäuser" gestellt wird, durchgeführt werden.

An die Erstellung der so gewonnenen Problemerfassung und -analyse schließt sich die Entwicklung eines detaillierten Maßnahmenkataloges zur Risikobewältigung an. Die in der beschriebenen Vorgehensweise gewonnenen Erkenntnisse, in übersichtlicher Form als Managementinformation aufbereitet, sind Ausgangsbasis für Maßnahmen zur Bewältigung bestehender Risiken.

10 Umweltorientierte Krankenhausführung – Ausgangslage und Herausforderung

10.1 „Wir haben die Erde nicht geschenkt bekommen, sondern nur
die Chance, sie für die folgenden Generationen zu bewahren"

Nachfolgende Entwicklungsgeschichte der Erde zeigt im Zeitraffer sehr beeindruckend, wie sehr wir Menschen den Planeten Erde in der kurzen Zeit unseres Wirkens ausgenutzt haben.[1]

- In den ersten 3 Monaten (Januar bis März) gibt es noch kein Leben auf der Erde.
- Danach entwickeln sich die Einzeller, aus denen bis Oktober vielzellige Lebewesen entstehen. Es treten die ersten Schwämme, Korallen und Gliedertiere auf.
- Gegen Ende November erscheinen die ersten Wirbeltiere. Immer noch gibt es Leben nur im Meer.
- Anfangs Dezember beginnen zunächst die Pflanzen und dann die Tiere, das Land zu beleben. Am Ende der ersten Woche wuchern große Urwälder. In den folgenden 2 Wochen beherrschen die Saurier die Erde, und es treten die ersten Säugetiere und Urvögel in Erscheinung.
- In der letzten Dezemberwoche entwickeln sich die Blütenpflanzen, Säugetiere breiten sich über die ganze Erde aus und die Alpen und andere Hochgebirge entstehen.
- Am Abend des 31. Dezembers treten die ersten Vormenschen auf. Innerhalb weniger Stunden wechseln Kalt- und Warmzeiten der Eiszeit einander ab.

---

[1] Fa. Ciba-Geigy AG, Fa. Hoffmann-La Roche AG, Fa. Sandoz AG (Hrsg) (1980) Chemische Technologie. Klett, Stuttgart.

- 23.00 Uhr: die Frühmenschen entdecken das Feuer.
- 23.55 Uhr: die Eiszeitmenschen jagen das Mammut und malen Höhlenbilder.
- Eine halbe Minute vor Mitternacht werden die Pyramiden in Ägypten gebaut, und beim ersten Schlag der Sylvesterglocken stehen wir in der Zeit der Industrialisierung und des Aufschwungs der Naturwissenschaften.
- In den letzten Sekunden verbraucht der Mensch den größten Teil der in Jahrmillionen entstandenen Rohstoffe (z. B. fossile Brennstoffe, Erze).

Die ökologischen Folgen dieser Ausnutzung erleben wir täglich.

Zerstörte Wälder, verschmutzte Gewässer, vergifteter Boden und Klimaveränderungen sind keine Horrormeldungen der Medien, sondern nackte Tatsachen. Die ökonomische Auswirkung dieser „Intensivbewirtschaftung der Erde" ist errechenbar und wird von Lutz Wicke, Direktor im Umweltbundesamt, für die Bundesrepublik Deutschland auf ca. 130 Mrd. DM jährlich beziffert – eine Summe, die trotz der vielen schon eingeleiteten Maßnahmen zur Umweltentlastung noch weiter steigt.

10.2 *Handlungsanstöße für eine umweltorientierte Unternehmensführung*

Analysiert man die Entwicklung des Umweltschutzes in der Bundesrepublik Deutschland, so sind die ersten Anstöße in den 60er Jahren und danach in den 80er Jahren auszumachen. Der in den 60er Jahren einsetzende umweltpolitische Willensbildungsprozeß führte zu den ersten Gesetzen und Verordnungen (Wasserhaushaltsgesetz von 1957, Abfallbeseitigungsgesetz von 1972 und Bundesimmissionsschutzgesetz von 1979). Weitere Impulse wurden durch eine Verschärfung der Umweltschutzauflagen, aber auch durch Subventionen, ausgelöst. In den 80er Jahren verstärkte sich zunehmend der Druck der öffentlichen Meinung (ausgelöst durch die Umweltunfälle) auf die politischen Parteien und die Unternehmen, mehr für den Schutz unserer natürlichen Umwelt zu tun.

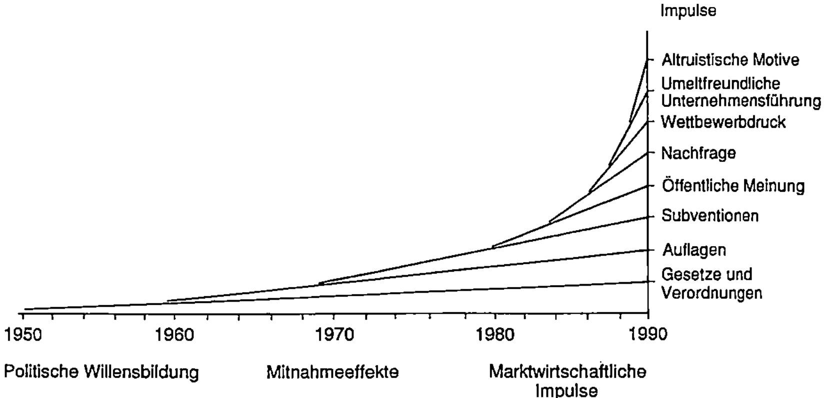

Abb. 9. Zeitliche Entwicklung der Handlungsanstöße für umweltfreundliche Unternehmensführung

Inzwischen ist die Umweltverträglichkeit von Unternehmen und ihrer Marktleistungen ein Kriterium ihrer Wettbewerbsfähigkeit auf den Märkten geworden.

Die Darstellung in Abb. 9 soll die zeitliche Entwicklung veranschaulichen.

Die Reaktion der Unternehmen auf Veränderungen der Umweltpolitik und der Nachfrage verlief in 2 Phasen, vom defensiven Verhalten - Erfüllung von Auflagen - hin zu einem offensiven Verhalten - Entwicklung von neuen, umweltschonenden Produkten:

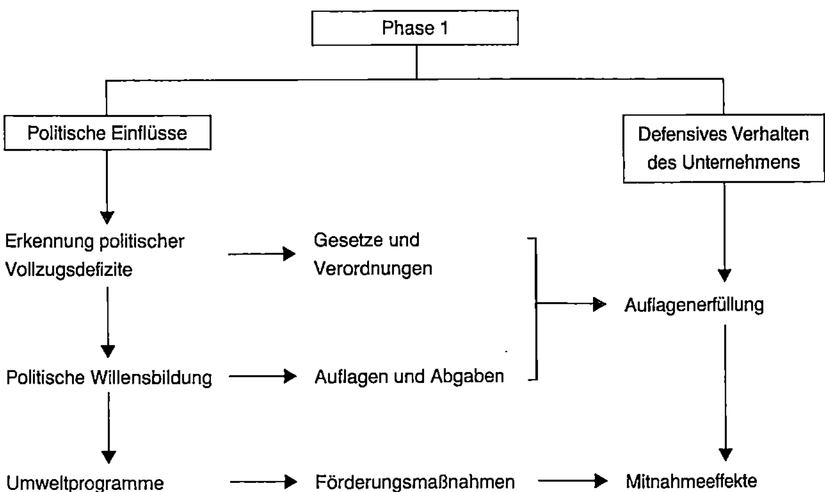

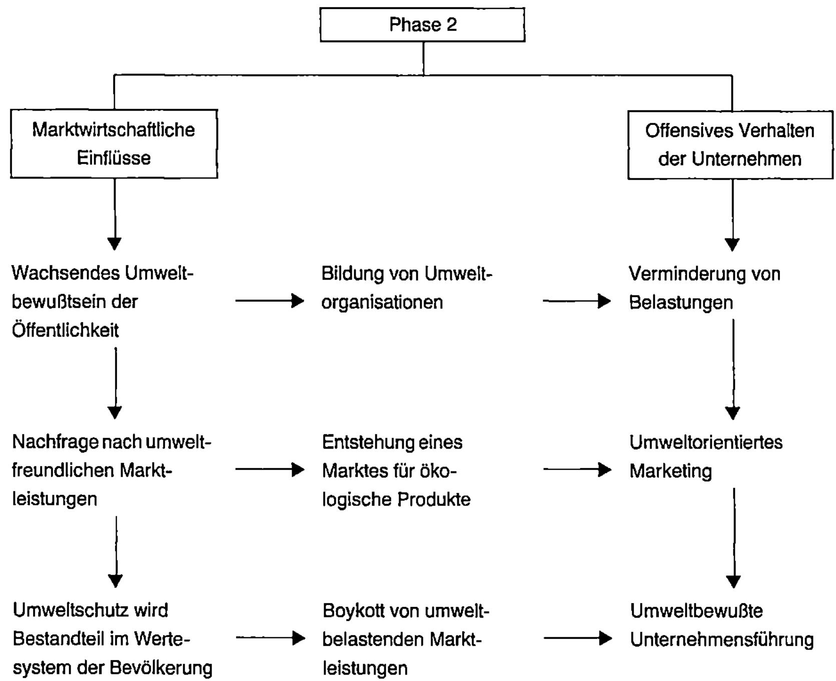

Dieser Weg vom defensiven Umweltschutz zu einer umweltorientierten Unternehmensführung wurde vom Staat durch eine aktive Förderungspolitik unterstützt. Unter Ausnutzung der ca. 30 Förderungsprogramme der EG, des Bundes und der Länder wurden vom produzierenden Gewerbe von 1975 bis 1986 40,6 Mrd. DM für den Umweltschutz investiert – eine Möglichkeit, die den Krankenhäusern des öffentlich-rechtlichen und freigemeinnützigen Bereichs verwehrt ist.[2]

Die Förderungskriterien:

- Projekte, die der Reduzierung, der Beseitigung oder der Wiederverwertung von Abfällen dienen,

- Entwicklung von Technologien, die zur Einsparung von Rohstoffen führen, und

- Maßnahmen, die zur Reduzierung von Emissionen und Abwasserverunreinigungen beitragen,

treffen auch auf die von Krankenhäusern zu lösenden Aufgaben zu.

---

[2] Quelle: Statistisches Bundesamt.

Die für die Förderungspolitik Zuständigen stehen auf dem Standpunkt, daß doppelte Förderung zu vermeiden ist, so daß die Krankenhäuser Umweltschutzmaßnahmen aus ihren normalen Finanzierungsmitteln leisten müssen. Die Frage ist, ob nicht ein spezielles Krankenhaus-Umweltschutz-Förderungsprogramm mit eindeutiger Zielsetzung und Zweckbindung ein geeignetes Instrument einer aktiven Umweltschutz- und Gesundheitspolitik wäre.

Solange die Frage nicht beantwortet ist, bleibt die Verantwortung, wieviel von den Einnahmen für Umweltschutzmaßnahmen ausgegeben wird, bei den Leitungen der Krankenhäuser, den Krankenhausträgern und den Krankenkassen; bei den Trägern insofern, als daß sie ihren Mitarbeitern den nötigen Freiraum für umweltorientierte Krankenhausleitung geben, und bei den Kassen, indem sie Umweltschutz als Gesundheitsprophylaxe begreifen und in die Pflegesatzverhandlungen einbeziehen.

Mehr als eine Anregung hierzu ist an dieser Stelle nicht zu geben. Konkreter ist der abschließende Vorschlag zum Thema „Arbeitssicherheit und Umweltschutz" an Krankenhäuser und Träger gerichtet. Die hier festgelegten Grundsätze mit dem Aspekt Umweltschutz sind ein möglicher Fahrplan auf dem Weg zum umweltfreundlichen Krankenhaus.

Literatur

(Anonym) (1987) BSR starten Modellversuch für Kunststoff-Recycling.
Müll & Abfall 8:341–342

Bach H (1987) Umweltfreundliche Entsorgung von Verpackungen.
Industrieanzeiger 35/36:20–26

Bayerische Staatsregierung (Hrsg) (1989) Richtlinien über die Beschaffung umweltfreundlicher Güter. München

Beschorner D, März T, Peemöller VH (1985) Energieorientierte Umwelt-
planung. Betriebswirtschaft 45/5:511–523

Birkenbihl V (1983) Stroh im Kopf. Gabal, Speyer

Brahms E (1987) Einweg/Mehrweg – wo ist ein Ausweg? Müll und Abfall
3/19:77–86

Brune D, Krauch H (1989) Operations- und Klinikmaterialien in der
Ökobilanz. Krankenhaustechnik 10:20–24

Bundesanstalt für Materialprüfung (BAM) (1986) Prüfung von zwei
Papiersorten auf relative Alterungsbeständigkeit. Prüfbericht. Berlin

Burhenne WE (1982) Umweltrecht – Raum und Natur. Erich Schmidt
(Loseblattsammlung), Berlin, Bd. 1–4

Correll W (1988) Menschen durchschauen und richtig behandeln. mvG
(moderne verlags GmbH), Landsberg am Lech

Daschner F (1982) Kostendämpfung im Gesundheitswesen durch
sinnvolle Krankenhaushygiene: Desinfektion, Hausreiniger, Einmalartikel. Krankenhausumschau 8:546

Daschner F, Scherrer M, Lust H-M (1989) Klinikmüll: Vermeidung,
Reduktion, sinnvolle und nicht sinnvolle Entsorgungskonzepte.
Krankenhaus Umschau 4:262–266

Dierkes M, Hansmeyer K-H (1985) Umwelt und Gesellschaft. Umweltpolitik 1:1ff.

Ditzel H (1989) Umweltschutz im Krankenhaus. Management & Krankenhaus 11:547-552

Drauschke S (1988) Das „Berliner Modell". Sieben Jahre Betriebserfahrung mit der Naßmüllsterilisation. Krankenhaustechnik 2:22-25

Eiff W von (1985) Handbuch Krankenhaus-Management, 6. Ergänzungslieferung. ecomed, Landsberg am Lech

Erzmann M, Irmer H (1984) Zellstoff-Abwasser und Umwelt. Korrespondenz Abwasser 31/5:408-414

Fietkau H-J, Schiffer W (1982) Psychosoziale Aspekte beim Altglas-Recycling. In: Joerges B (Hrsg) Verbraucherverhalten und Umweltbelastung. Campus, Frankfurt, S. 101

Fischer C, Fischer R (1988) Chemie im Büro. Rowohlt, Hamburg

Franzius V, Stief K (1985) Abfallbeseitigung als Quelle ständiger Bodenkontamination. Boden – das dritte Umweltmedium. Bundesforschungsanstalt für Landeskunde und Raumordnung, Berlin (Beiträge zum Bodenschutz, Bd 14, S 43ff.)

„future forum" (1988) Nachwachsende Rohstoffe. Berichte vom „futureforum" (in: Unternehmen und Umwelt). Düsseldorf

Gabbert R (1989) Entsorgungsindustrie – Partner im Klinikbereich. Krankenhaustechnik 11:46-48

Galliker B (1989) Umweltverträglichere Produkte. Marketing J 3:250-252

Gege M (1988) Möglichkeiten und Schwierigkeiten bei der Einführung eines offensiven Umweltmanagements in der betrieblichen Praxis. In: Pieroth E, Wicke L (Hrsg) Chancen der Betriebe durch Umweltschutz. Haufe, Freiburg, S 75-94

Genest W, Reimann D (1985) Die Abfallproblematik von Altbatterien. Müll & Abfall 6/7:194ff., 217ff.

Glatzel W-D (1985) Umweltverträgliche Energieversorgungskonzepte. In: Rehberg S (Hrsg) Grüne Wende im Städtebau. Müller, Karlsruhe, S 63-73

Institut for Funktionsanalyse og Hospitalsprojektering (1985) Praxisbericht Nr 3; Energiebewußtes Krankenhaus. Hamburg

ipos (1986) Einstellungen zu aktuellen Fragen der Innenpolitik. Institut
für praxisorientierte Sozialforschung (Eigenbericht), Mannheim

Johann HP (1988) Vermeiden statt Verminderung - Umweltschutzauflagen mobilisieren - Innovationspotential, Umweltreport der Industrie-
und Handelskammer, Düsseldorf

Jungwirth H (1989a) Umweltschutz im Krankenhaus. Krankenhaustechnik 6:94-98

Jungwirth H (1989b) Sonderabfälle im Betrieb. Reinigung & Service
6:22-26

Käufer H (1986) Recyclingfreundliche Kunststoffprodukte. Umwelt
6:459-463

Kloepper M, Storm PCh (1987) Umwelt-Recht, 4. Auflage. dtv/Beck

Knebel J (1985) Dioxin - Rechtliche Regelungen. In: FGU Berlin (Hrsg)
Dioxine - Entstehung - Wirkung - Beseitigung. Erich Schmidt, Berlin
(Abfallwirtschaft in Forschung und Praxis, Bd 14, S 235ff.)

Krieg B, Buchser D (1988) Der Weg zu neuen Traditionen. Buchverlag
Basler Zeitung, Basel

Kroppenstedt F (1985) Neues aus Bonn: die 4. Novellierung des
Abfallbeseitigungsgesetzes. In: Das Ende der Einwegverpackung -
I. Würzburger Umwelt-Symposium. Neue Verpackung 10:46-62

Kunde A (1989) Können Krankenhäuser zum Umweltschutz beitragen.
Krankenhaus Umschau 9:718-719; 11:920-921

Landesgewerbeamt Baden-Württemberg (Hrsg) (1986) Bericht der
Arbeitsgruppe „Rationelle Energienutzung" an den Landesarbeits-
kreis für berufliche Fortbildung. Stuttgart

Leonhardt W (1986) Waschmittelbuilder zur Herstellung phosphatfreier
Waschmittel. Zeolith A: Lieferformen und Verarbeitungsmöglichkei-
ten. Swiss Chem 8/4:29-36

Lohrer W, Nantke H-J, Schaaf R (1985) Formaldehyd in der Umwelt:
Staub. Reinhaltung der Luft 5:239-247

Lohse S (1987) Fundstellennachweis Umweltrecht, Bd I und II. Umweltbundesamt, Berlin (Texte 27/87 und 28/87 des Umweltbundes-
amtes)

Lühr H-R (1985) Vorbeugender Grundwasserschutz beim Umgang mit
wassergefährdenden Stoffen. In: „Kongreßband" Wasser. Erich
Schmidt, Berlin

Lutz W (1988) Umweltbewußter Einkauf von Reinigungs- und Pflegemitteln für Großverbraucher. Forschungs- und Prüfinstitut, Dettingen

Lutzky N (1987) Zukunftsaufgabe Ökologie – ein Verantwortungsbereich im strategischen Management. In: Umweltschutz – Gewinn für die Zukunft, future-forum 1987. Kleins Druck- und Verlagsanstalt, S 12–14

Meller E (1988) Möglichkeiten des inner- und überbetrieblichen Recyclings. In: Pieroth E, Wicke L (Hrsg) Chancen der Betriebe durch Umweltschutz. Haufe, Freiburg, S 151–171

Melzer (1979) Lichtblick für Stromzähler. kraut & rüben 2/90:79–80

Neitzel H (1985) Was ist ein umweltfreundliches Produkt? In: Der Gemeindetag 9/85

Oertel G (1989) Wohlstand ist sinnlos ohne eine intakte Umwelt. Der Arbeitgeber 23/41:942–946

Opgenorth H-J (1987) Umweltverträglichkeit von Polycarboxylaten. Tenside Surfactants Detergents 24:366–369

Peters J (1987) Stellungnahme der Kommission des Bundesgesundheitsamtes „Erkennung, Verhütung und Bekämpfung von Krankenhausinfektionen". Zu: Adam et al. (1987) Abfälle aus medizinischen Bereichen. MMW 129:19; Bundesgesundheitsblatt 30:444

Pfriem R (1986) Ökobilanzen. In: Pfriem R (Hrsg) Ökologische Unternehmenspolitik. Campus, Frankfurt am Main, S 210–228 .

Raaij F (1979) Das Interesse für ökologische Probleme und Konsumentenverhalten. In: Meffert H, Steffenhagen H, Freter H (Hrsg) Konsumverhalten und Information. Wiesbaden (Eigenverlag), S 355–374

Rabich A (1987) Krankenhausspezifischer Abfall, seine Entsorgung und Behandlung. In: VDI Gesellschaft Energietechnik, Sondermüll, Thermische Behandlung und Alternativen, Tagung Saarbrücken 7./8. 10. 1987. VDI, Düsseldorf (VDI-Berichte 664)

Raffée H, Förster F, Krupp W (1988) Marketing und Lärmminderung – Ergebnisse einer Studie zum ökologieorientierten Konsumentenverhalten. Universität Mannheim

Rasche HO, Wilhelm E (1988) Umweltschutz. Fakten, Prognosen, Strategien. Herausgegeben von der Deutschen Bank, Frankfurt am Main

Reuter W, Janischowski A (1990) Umweltschutz im Krankenhaus. F & W (Führen und Wirtschaften im Krankenhaus) 7:H.1/46–48; H.2/100–102

Riedel H (1989) Energiewirtschaft in der Küche. Krankenhaustechnik 6:102–105

Riedel W (1990) Keine Probleme mit Kunststoffabfällen im Krankenhaus. Krankenhaustechnik 2:24–28

Rüden H, Jager E (1989) Entsorgung von medizinischen Abfällen unter hygienischen und wirtschaftlichen Aspekten. Das Krankenhaus 9:504–508

Schenkel W (1985) Von der Abfallbeseitigung zur Abfallwirtschaft. Der Städte- und Gemeinderat 39, 2/3:77–82

Schmitt-Tegge (1987) Märkte für Recycling-Produkte. Umwelt 5:306–309

Schnelle W, Stoltz I (1976) Interaktionelles Lernen. Metaplan GmbH, Quickborn

Schultz W, Wicke L (1987) Der ökonomische Wert der Umwelt. Z Umweltpolitik 10/2:109–155

Schulz W, Wicke L (1988) Kosten und Nutzen des Umweltschutzes. Umweltökonomie & Umweltpolitik, Verbraucherpolitische Hefte der Verbraucherzentrale Nordrhein-Westfalen 6:51–70

Stahlmann V (1988) Umweltorientierte Materialwirtschaft. Gablers Magazin (Wiesbaden) 5:29–32

Storm P-C (1988) Umweltrecht. Beck, München

Umweltbundesamt (1982) Was sie schon immer über Abfall und Umwelt wissen wollten, 3. Aufl. Berlin

Umweltbundesamt (1987a) Sauber ohne Reue. Berlin

Umweltbundesamt (1987b) Statistische Übersichten über Verbrauch, Abfall und Verwertungsquoten ausgewählter Stoffe. Berlin

Umweltbundesamt (1986) Daten zur Umwelt 1986/87. Berlin

Umweltbundesamt (1988) Das Umweltzeichen. Ziele – Hintergründe – Produktgruppen. Berlin

Vardag F (1988) Umweltschutz, Umweltbewußtsein und Marketing: Konsumentenverhalten ändert sich. Gablers Magazin 5:33–37

Vester F (1982) Denken, Lernen, Vergessen. dtv, München

Vogel G (1978) Die Möglichkeit der Abfallverwertung durch die getrennte Sammlung von verwertbaren Abfällen. In: Jäger B, Thome-Kozmiensky KJ (Hrsg) Materialrecycling aus Haushaltsabfall. 3, Berlin, S 61–87

Vogel-Verlag (jährlich erscheinende Sonderbände von „Umweltmagazin"): Umweltmarkt von A–Z. Würzburg

Werner F (1982) Umweltschutzmaßnahmen bei der Chemiefaser-Herstellung. Chemiefaser/Textilindustrie 4121

Wicke L (1988a) Die ökologischen Milliarden. Das kostet die zerstörte Umwelt – so können wir sie retten. Kösel, München

Wicke F (1988b) Plädoyer für ein offensives Umweltmanagement. In: Pieroth E, Wicke L (Hrsg) Chancen der Betriebe durch Umweltschutz. Haufe, Freiburg, S 11–13

Wilhelm E (1989) Umweltschutz und Krankenhaus. Management & Krankenhaus 8:405

Winter G (1987) Das umweltbewußte Unternehmen. Ein Handbuch der Betriebsökologie mit 22 Check-Listen für die Praxis. Beck, München

Anhang:
Grundsätze zum Umweltschutz –
beispielhafte Leitlinien
eines Krankenhausträgers

Die nachfolgende Übersicht bringt den Verlauf der Umweltschutzmaßnahmen im Krankenhaus:

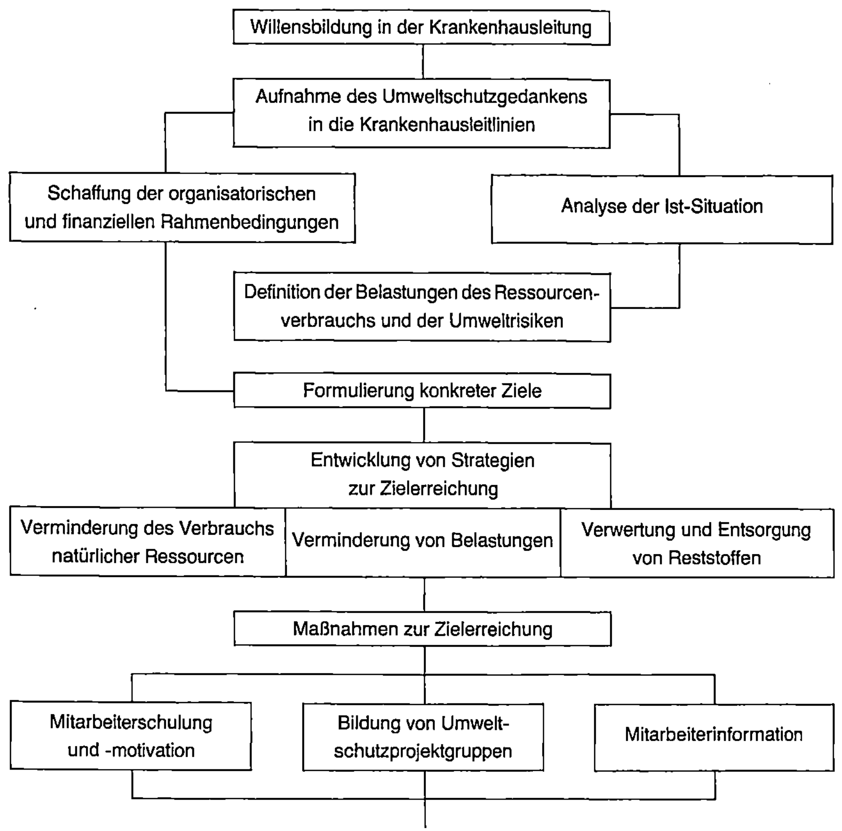

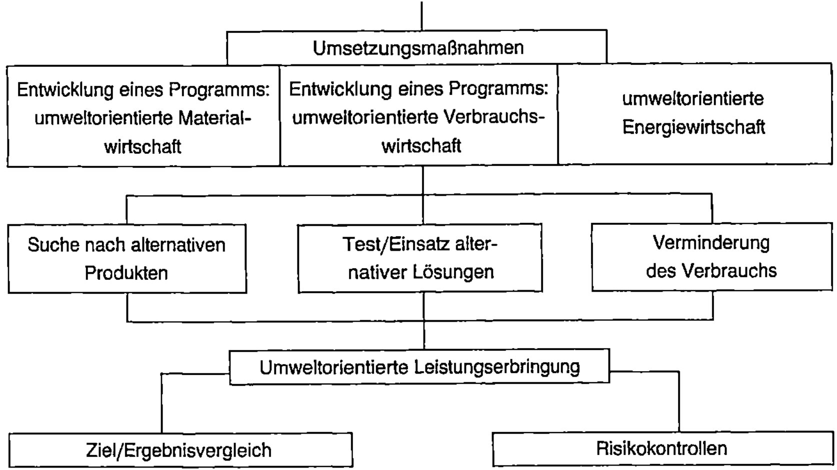

I. Verantwortungsbewußter Umweltschutz bedeutet für das Krankenhaus sparsamen Umgang mit Rohstoffen und Energie sowie Wahrung der natürlichen Lebensgrundlagen.

Der wirtschaftliche Nutzen hat keinen Vorrang vor der Sicherheit unserer Mitarbeiterinnen und Mitarbeiter, unserer Nachbarn und uns anvertrauten Personen sowie vor dem Schutz der Umwelt.

Alle Mitarbeiterinnen und Mitarbeiter achten auf sparsamen Einsatz von Strom, Wärme, Kälte und Wasser.

Wir treffen, wie schon in der Vergangenheit, unverzüglich und vorbeugend die erforderlichen Maßnahmen zum Schutz von Grundwasser und Boden und zur Minimierung von Emissionen.

Die einzelnen Betriebe und Dienststellen des Krankenhausträgers fördern neben der strikten und zügigen Einhaltung der gesetzlichen Vorgaben den Umweltschutz durch eigene zukunftsorientierte Programme (z. B. „Mittelfristiges Umweltschutzprogramm").

Wir beschränken die Bodenversiegelung auf das unvermeidliche Maß. „Grüne Nischen" machen das Krankenhausgelände ökologisch verträglich und führen zu angenehmen Arbeitsplätzen und Ruhezonen für Patienten.

Wir informieren Bevölkerung, Patienten und Mitarbeiterinnen und Mitarbeiter über Möglichkeiten der umweltfreundlichen Entsorgung von Abfällen.

II. Umweltschutz verpflichtet uns zur Einhaltung von Gesetzen, Verordnungen, Grenzwerten und behördlichen Auflagen, darüber hinaus aber auch zu eigenen Initiativen, mit dem Ziel

1. umweltschonende Produkte vorrangig einzusetzen:

   Alle Betriebe und Dienststellen des Krankenhausträgers bemühen sich durch eigene Programme, umweltbelastende Stoffe und Verpackungen (z. B. Einwegverpackungen, Schwermetalle, PVC-Verpackungen) zu vermeiden oder zumindest zu reduzieren.

   Beim täglichen Krankenhausbetrieb wird eine Belastung der Umwelt durch Emissionen, Abwasser und Abfall vermieden (z. B. Vermeidung von Chlorkohlenwasserstoffen).

   Neue umweltschutzrelevante Erkenntnisse fließen unmittelbar in den Arbeitsalltag.

   Abluftreinigung sowie Entsorgung von Abwässern und Abfällen erfolgen nach dem Stand der Technik und unterliegen einer ständigen Kontrolle (z. B. Emissionsmessungen, Analytik von Abwässern und Abfällen);

2. sichere Betriebsanlagen vorzuhalten:

   Die Anlagen sind mindestens den gesetzlichen Anforderungen entsprechend ausgelegt.

   Der Krankenhausträger paßt die Anlagen dem Stand der Technik an. Wir dulden keine unsicheren Provisorien.

   Für den Krankenhausträger sind nicht nur die gesetzlichen Mindestanforderungen, sondern auch der Stand der Technik Maßstab;

3. Unfälle und Störungen des Betriebsablaufs durch aktive Vorsorge zu vermeiden:

   Wir stellen Schwachpunkte fest und beseitigen sie.

   Die Wartung der Anlagen erfolgt nach vorgegebenen Terminplänen in Abhängigkeit vom Gefahrenpotential.

   Zur Überprüfung des Sicherheitsstandards von Anlagen und Gebäuden finden regelmäßig Begehungen statt.

   Die zuständigen Mitarbeiterinnen und Mitarbeiter beheben erkannte Belästigungen und Gefährdungen auch ohne behördliche Auflagen;

4. unsere Mitarbeiter, Patienten und Nachbarn vor gesundheitlicher Beeinträchtigung zu schützen:

Die Mitarbeiter sind durch die Vorgesetzten und durch verständlich
formulierte Betriebsanweisungen über ihren Arbeitsplatz aufgeklärt
(z. B. Information über die Arbeitsstoffe).

Die Vorgesetzten treffen alle erforderlichen Maßnahmen zum Schutz
der Mitarbeiter und überwachen sie regelmäßig.

Wir überprüfen die Sicherheit an den Arbeitsplätzen durch Arbeits-
platzanalysen und ggf. durch Messungen.

Die Mitarbeiter werden durch den betriebsärztlichen Dienst arbeits-
medizinisch betreut (z. B. periodische Vorsorgeuntersuchungen).

Patienten und Nachbarn werden in regelmäßigen Abschnitten über
die Betriebsabläufe und deren Sicherheitsstandard informiert.

III. Umweltschutz wird glaubwürdig und überprüfbar durch

1. offene Kommunikation auf allen betrieblichen Ebenen:

   Die Krankenhausleitung informiert ihre Mitarbeiterinnen und Mitar-
   beiter sorgfältig und aktuell über die einschlägigen Gesetze und
   Vorschriften sowie über Fakten und Hintergründe, die für den
   Umweltschutz von Bedeutung sind.

   Die Krankenhausleitung nimmt Mitteilungen und Vorschläge der
   Mitarbeiterinnen und Mitarbeiter an und prüft sie auf Realisierbarkeit.

   Die Arbeit der Sicherheitsbeauftragten, Arbeitsmediziner und Um-
   weltschutzbeauftragten wird durch die Krankenhausleitung unterstützt.

   Der Personalrat ist in den Informationsfluß aktiv eingebunden (z. B.
   regelmäßige Unterrichtung über Arbeitssicherheit und Umweltschutz).

   Der Krankenhausträger nutzt die internen und öffentlichen Medien
   intensiv zur Information.

   Das Sicherheitswesen und die Arbeitsmedizin stehen allen Mitarbeiterinnen und Mitarbeitern als unabhängiger Berater und als An-
   sprechpartner für Vorschläge zur Verfügung;

2. den Dialog mit der Bevölkerung:

   Das Krankenhaus unterrichtet die Bevölkerung sachlich über mögli-
   che Gefahren sowie Maßnahmen zu deren Abwehr (z. B. regelmäßige Pressemitteilungen),

informiert die Mitarbeiterinnen und Mitarbeiter über die Eigenschaften des Betriebes, die sichere Anwendung und die ordnungsgemäße Entsorgung anfallender Abfälle und Abwässer;

3. den kooperativen Umgang mit Behörden:

Das Krankenhaus bindet die Behörden bereits in die Planung neuer Projekte ein,

steht mit den Behörden im Dialog,

betreibt eine aktive Informationspolitik gegenüber den Behörden.

IV. Umweltschutz erfordert Mitarbeiterinnen und Mitarbeiter, die aktiv bei der Realisierung dieser Grundsätze mitarbeiten und mitdenken.

Die Vorgesetzten sind durch die konsequente Einhaltung von Schutzmaßnahmen Vorbild.

Die Vorgesetzten gewährleisten eine sorgfältige Einarbeitung am Arbeitsplatz und klären über Arbeitssicherheit und Umweltschutz auf.

Qualifizierte Sicherheitsbeauftragte fördern das Sicherheitsbewußtsein.

Die abteilungsinternen Sicherheitsunterweisungen erfolgen arbeitsplatzbezogen und gut vorbereitet. Sie sprechen die Risiken aller Tätigkeiten an und vermitteln damit eine realistische Einschätzung ihrer Arbeitsplätze.

In Sonderveranstaltungen unter Hinzuziehung von Fachleuten informiert das Krankenhaus über erforderliche Maßnahmen in bezug auf Hygiene, Desinfektion und medizinische Vorsorge.

Weiterbildung der Mitarbeiterinnen und Mitarbeiter wird vom Krankenhausträger aktiv gefördert, indem

- dafür gesorgt wird, daß alle Mitarbeiterinnen und Mitarbeiter die Möglichkeit haben, sich über für sie relevante Gesetze und Vorschriften gründlich zu informieren,

- Schulungsangebote, orientiert an aktuellen Problemen, und aufzeigend arbeitsplatzbezogene Lösungen erstellt werden,

- die Mitarbeiterinnen und Mitarbeiter zur Eigenverantwortung motiviert werden.

V. Umweltschutz bedeutet für uns eine Investition in die Zukunft unserer Heimat.

Der Krankenhausträger betrachtet einen hohen Standard beim Umweltschutz als wichtigen Beitrag für die Zukunft.

Betriebsmittel und Produkte, die umweltschonend zu verarbeiten und zu entsorgen sind, haben einen hohen Stellenwert.

Umweltfreundliche und sichere Anlagen haben Zukunft.

VI. Umweltschutz bedeutet für uns einen Beitrag zum Schutz des Lebens.

Wenn es die Vorsorge für Gesundheit und Umwelt erfordert und die medizinische Versorgung und hygienische Sicherheit erlauben, werden wir bei begründetem Verdacht die Verwendung von problematischen Produkten einschränken oder einstellen.

Als Krankenhausträger ist für uns die Sicherstellung der stationären Krankenversorgung ein Auftrag, der auch präventive Gesundheitsvorsorge einschließt.